盐碱地饲草生产与利用关键技术

YANJIANDI SICAO SHENGCHAN YU LIYONG GUANJIAN JISHU

翟桂玉 著

山东科学技术出版社

·济南·

图书在版编目（CIP）数据

盐碱地饲草生产与利用关键技术 / 翟桂玉著 . -- 济南：山东科学技术出版社，2023.12
ISBN 978-7-5723-1826-9

Ⅰ. ①盐… Ⅱ. ①翟… Ⅲ. ①盐碱地 - 牧草 - 栽培技术 Ⅳ. ① S54

中国国家版本馆 CIP 数据核字 (2023) 第 178739 号

盐碱地饲草生产与利用关键技术
YANJIANDI SICAO SHENGCHAN
YU LIYONG GUANJIAN JISHU

责任编辑：于 军 刘巍石
装帧设计：孙 佳

主管单位：山东出版传媒股份有限公司
出 版 者：山东科学技术出版社
地址：济南市市中区舜耕路 517 号
邮编：250003 电话：（0531）82098088
网址：www.lkj.com.cn
电子邮件：sdkj@sdcbcm.com
发 行 者：山东科学技术出版社
地址：济南市市中区舜耕路 517 号
邮编：250003 电话：（0531）82098067
印 刷 者：山东蓝海印刷科技有限公司
地址：山东省济南市高新区春田路南首 1 号
高新技术产业园 1 号厂房
邮编：250101 电话：（0531）66725220

规格：16 开（170 mm × 240 mm）
印张：10.5 **字数：**140 千
版次：2023 年 12 月第 1 版 **印次：**2023 年 12 月第 1 次印刷
定价：45.00 元

翟桂玉，农学博士，研究员，硕士生导师，山东省牧草产业技术体系岗位专家，山东省农业专家顾问团成员。长期从事牧草新品种选育、高产栽培、饲草料调制加工和高效利用技术的研究与推广，主持承担国家和省（部）级科技攻关、农业重大应用技术创新、良种工程和新技术推广等项目30多项，获神农中华农业科技奖2项、中国机械工业科技奖1项、全国农牧渔业丰收奖3项、山东省科技进步奖3项、山东省农牧渔业丰收奖5项，培育国审和省审牧草新品种11个，参与制定颁布标准30多项，出版专著6部，发表论文80余篇。

前言

本书作者扎根于黄河流域盐碱地，研究饲草生产利用30多年，始终奋斗在推进黄河三角洲草牧业高效生产和山东省畜牧业高质量发展的第一线。首创了利用野生大豆种质资源培育盐碱地饲草型大豆新品种技术，填补了国内外这一领域研究空白，有效提高了盐碱地植物资源、光热资源和土地资源的利用效率；创立了盐碱地“草–畜–乳（肉）耦合增效理论”，构建了“增草节粮，增畜节地”的种养耦合多赢模式；集成了基于盐碱地系统性和整体性开发利用的盐碱地高产优质饲草关键技术，利用盐碱地苜蓿高产高效生产技术，可使苜蓿种植区由含盐量0.3%以下的盐碱地扩大到0.6%以下的盐碱地，有效解决了盐碱度较高滨海盐碱地苜蓿建植的难题；研制的饲草高密度裹包青贮技术及机械装备，极大方便了饲草产品贮存运输，显著提高了饲草营养价值和商品化水平。本书作者创新集成的技术成果在生产中得到广泛应用，提升优质饲草料利用率

20%以上，种养增收提高15%，为促进沿黄流域盐碱地高效利用、生态环境保护和草牧业高质量发展提供了重要的技术支撑。

本书结合盐碱地改良利用的长期研究和实践成果，阐释了盐碱地资源类型、特点、分级，以及改良利用方向、策略与路径，提出了盐碱地科学开发利用的新认识。盐碱地作为一个独特的土地类型，是潜在的可利用资源和重要的土地后备资源，只要因地制宜、分类推进、适度有序开发，就可以将盐碱地转变为可耕农田、可牧草地和可植林地。盐碱地开发利用是个世界性难题，但也是增地、增粮、增草和增畜的重要途径。对中国而言，开发利用好盐碱地对农业、畜牧业和饲草业的发展有巨大潜力，对端牢自己的饭碗具有重要战略意义。

本书集中展示了山东省黄河三角洲六市（区）盐碱地开发利用模式与实践创新成果，提出了科学开发利用的新导则。过去，盐碱地开发利用有盲目性，扩张开发意识强烈，保护性开发程度不高，存在投资过大、效果不佳及可持续不强等问题。通过集中展示不同区域盐碱地开发利用模式，让读者从实际案例和经验中找到解决问题的方法，深入了解尊重自然规律并把生态保护放在突出位置的盐碱地开发利用新导则，只有促进生态有效保护和生产持续发展的开发利用，才能实现盐碱地开发利用的多重目标有效协同。

本书以盐碱地植物生产为主线，探讨了盐碱地植物生产利用特色、优势和困难，提出了多元化改良和多样化利用的技术新策略。盐碱地的特殊土壤条件和环境，对植物生长、生产有很大影响，甚至造成盐害或碱害，为实现植物有效生长和生产，需要趋利避害。开发利用盐碱地的技术措施都有一定的适用范围和条件，需要以综合治理为主攻方向，倡导工程、植物、微生物等方式，推进高效节水、精准控盐、土壤修复等技术，绿色消减盐碱障碍，营造健康的土壤环境，实现作物生产的高产高效。

本书系统梳理了盐碱地“改地适种”开发利用技术，介绍了土壤、水利、暗管排盐、肥料、振动深松、化学和生物等盐碱地改良利用技术，分析了盐碱地改良和利用的复杂性及其相关技术的局限性。目前盐碱地“改地适种”开发利用技术大都存在成本高、实施过程复杂（轻简化不够），对不同区域盐碱地适用性差，不利于盐碱地保护性利用等短板。为实现盐碱地科学开发利用，需要对各种技术要素进行整合优化，集成综合配套技术，提高综合性、广适性和实用性。

本书统筹盐碱地综合开发和利用，阐述了盐碱地饲草生产共性关键技术，析解了“选种适地”“复合种植”和“种养耦合”等盐碱地增产增效技术。盐碱地科学开发利用是农牧业投入与产出的统筹，农牧循环的链接。在盐碱地开发利用实践中，人们对盐碱地开发利用的认识在进步，技术水平在提高。过去的思路主要是治理盐碱地，让盐碱地适应作物，如今正在朝选育更多耐盐碱作物、让作物适应盐碱地的方向转变。饲草作物种类多、适应性广，有许多是盐碱地开发利用的先锋植物，在盐碱地上开展“选种适地”饲草生产可行，这已为实践所证实。例如，在适宜地区种植耐盐碱饲用高粱，由治理盐碱转向适应盐碱；在适宜地区示范种植耐盐碱苜蓿，可培肥地力、蓄水保墒。饲草的多元复合种植不仅可以更好地利用盐碱地，而且能显著提高饲草生产效益，产生良好的耦合效应。饲草生产与养殖业耦合是提升盐碱地产出和效益的农牧循环模式，更有延长产业链和放大种养耦合效应的作用。总之，盐碱地类型多样、成因复杂，需要分类推进和有针对性地创建技术模式。为确保科学合理利用盐碱地，需要摸清盐碱地资源“家底”，重点是盐碱地的类型、数量，集成空、天、地一体化技术，摸清不同区域的盐碱分布及修复潜力。同时，需要制定完善开发利用规划，总结开发利用盐碱地实践经验，丰富对盐碱地的了解，提升盐碱地开发利用的水平，开展盐碱地开垦潜力评价分析，为盐碱地综合利用提供科学依据，杜绝已改良盐碱地出现盐碱化重现和局部开发地撂荒。

本书的读者对象为农技工作者、新型农民及盐碱地综合开发企业人员，相关科研院所及大专院校的教学和研究人员，高校涉农学科专业学生等。

著　者

目录

第一章 盐碱地类型与改良策略

盐碱地是土壤盐类集积的一个种类，是指土壤中所含的盐分影响到作物的正常生长。根据联合国教科文组织和粮农组织不完全统计，全球盐碱地面积为 9.543 8 亿公顷，中国盐碱地面积位居第三，有 9 913 万公顷。

第一节 盐碱地类型和分级

我国盐碱地分布在西北、东北、华北及滨海地区等 17 个省（区）。我国盐碱地根据分布区域、土壤类型和气候条件等，主要分为滨海盐渍区、黄淮海平原盐渍区、荒漠及荒漠草原盐渍区、草原盐渍区四大类型。

盐碱地根据作物种植可利用程度，可分为轻度盐碱地、中度盐碱地和重度盐碱地。轻度盐碱地是土壤含盐量在 3‰以下，种植作物的出苗率在 70%～80%；重度盐碱地是土壤含盐量超过 6‰，种植作物的出苗率低于 50%；介于二者间的是中度盐碱地。轻度盐碱地 pH 为 7.1～8.5，中度盐碱地 pH 为 8.5～9.5，重度盐碱地 pH 为 9.5 以上。

第二节　盐碱地形成和特点

盐碱地是在一定自然条件下形成的，各种易溶性盐在地面做水平方向与垂直方向的重新分配，从而使盐分在集盐地区的土壤表层逐渐积聚起来。

一、盐碱地的形成影响因素

盐碱地形成与气候条件、地理条件、土壤类型和地下水、河流和海水、耕作管理等影响因素紧密相关。

1. 气候条件

我国东北、西北、华北的干旱、半干旱地区，降水量小，蒸发量大，溶解在水中的盐分容易在土壤表层积聚。夏季雨水多而集中，大量可溶性盐随水渗到下层或流走，称为“脱盐”季节；春季地表水分蒸发强烈，地下水中的盐分随毛管水上升而聚集在土壤表层，称为“返盐”季节。东北、华北的半干旱地区盐碱土有明显的“脱盐”“返盐”季节，而西北地区降水量很少，土壤盐分的季节性变化不明显。

2. 地理条件

地势高低对盐碱土的形成影响很大，地势高低直接影响地表水和地下水的运动，与盐分的移动和积聚有密切关系。从大范围地形看，水溶性盐随水从高处向低处移动，在低洼地带积聚。盐碱土主要分布在内陆盆地、山间洼地和平坦排水不畅的平原。从小范围地形看，局部土壤积盐情况与大地形正相反，盐分往往积聚在局部的小凸处。

3. 土壤类型和地下水

土壤类型、质地粗细影响土壤毛管水运动的速度与高度，壤土的毛管水上升速度较快，高度也高，砂土和黏土积盐速度都慢些。地下水影响土壤盐碱度的因素是地下水位和地下水矿化度，地下水位高，矿化度大，容易积盐。

4. 河流和海水

河流及渠道两旁的土地，因河水侧渗而使地下水位抬高，易积盐。沿海地区因海水浸渍，形成滨海盐碱土。

5. 耕作管理

有些地方大水漫灌，或低洼地区只灌不排，致使地下水位很快上升而积盐，发生土壤的次生盐渍化，使耕地变为盐碱地。为了防止土壤次生盐渍化，要加强排灌配套水利设施，严禁大水漫灌，灌水后及时耕锄。

二、我国盐碱地类型

不同盐碱地区域、不同形成条件，形成了我国不同盐碱地类型。

1. 东部滨海盐碱地

滨海盐碱地分布广泛，主要分布在江苏、山东、河北、天津、辽宁等省（市），滨海盐碱地的特点是土体盐分含量高，盐分组成以氯化物为主，土壤呈碱性。

2. 黄淮海平原盐碱地

主要分布在河南、山东、河北、天津、安徽等省（市），土壤表层形成1~2厘米厚的盐结皮，含盐量在1%以上，盐结皮以下土层内盐分含量下降到0.1%。

3. 东北平原盐碱地

主要分布在松嫩平原的黑龙江省、吉林省。松嫩平原盐碱地多属于苏打碱化土，土体含盐量不高，但含有碳酸钠、重碳酸钠，pH很高，对植物的毒性大，有很多斑块状的光板地。但盐土、碱土有机质含量高，土壤质地黏重，保水保肥性能好，作物产量高。

4. 西北半荒漠内陆盐碱地

主要分布在内蒙古河套灌区、宁夏沿黄河灌区、甘肃河西走廊、新疆准噶尔盆地等，半荒漠内陆盐碱地的特点是盐碱组分复杂。

5. 西北极端干旱盐碱地

主要分布在新疆的塔里木盆地、吐鲁番盆地，青海的柴达木盆地，极端干旱盐碱地的特点是成片分布、面积大，土壤含盐量高，地表常常形成厚硬的盐结皮。

第三节　盐碱地改良与进展

盐碱地改良和综合开发利用一直是世界性难题，世界上不同领域、不同地域的专家进行了长期的探索和研究，一致认为，盐碱地不仅可以治理，而且是可再生、可利用的资源。

在20世纪初，国外专家对盐碱土的地理分布、形成过程、形成机理进行了初步研究，建立了以水利措施为中心的灌排防渗盐碱地改良基本理论；第二次世界大战结束后，提出了盐碱土化学改良和植物改良技术策略。

近年来，国外逐步转向耕作土壤的综合治理改良方向，主要侧重于大型灌区土壤次生盐碱化的预报防治。在节约用水与采用物理、化学方法，土壤耕作与施肥，利用土壤改良剂，高矿化水应用，以及选育耐盐品种，提高作物抗盐力等方面取得很大进展。

我国盐碱地改良的科研水平和科研成果，在全世界位居前列。许多省（区）把盐碱地植被恢复和综合开发利用盐碱地资源有机结合，大力发展盐碱地生态经济，发展盐碱地生态产业，实现生态、经济、社会的协调可持续发展。盐碱地经过科学治理、改良后变成优质耕地，发挥了提升粮食生产能力、保障粮食安全的重要作用。在改良后的盐碱地种植水稻，平均每公顷产量可达 6 吨。如果全球盐碱地能多利用 1%，世界粮食可增产 5 000 万吨，按人均占有 400 千克计算，能够满足 1.2 亿人一年的用粮需求。

此外，还要充分发挥盐碱地在固碳控排方面的潜力，为我国双碳战略实现起到辅助性支撑作用。

一、盐碱地改良方向

20 世纪中期，许多国家相继进行了盐碱地改良实践。美国农业部盐土实验室依据水盐运动模拟，通过农田水质评价，从土壤物理、生物和化学等方面开展土地治理研究，同时培育和筛选耐盐植物，并初步建立其作物盐分胁迫数据库；俄罗斯学者借助含钙、镁的高矿化度水进行盐碱地的种稻改良，以达到降低土壤碱化度的目的；英国学者认为盐碱土经深耕后的泡田洗盐效果最佳；澳大利亚学者以耕地不合理开发为出发点，提出盐碱土地的综合利用评价模型；日本、印度学者在盐碱土种稻改良研究中取得了一定的成果。

我国在盐碱地改良实践中同样取得很大进展。

1. 物理改良

盐碱地物理改良在我国有悠久历史，平整土地改良是消除由于地形高低不平造成的盐分富集微域地形；客土改良是直接用非盐碱土代替盐碱化土壤；耕作改良是采取措施，防止土壤深层的盐分向上运行，减少土壤表层的大量积盐；覆盖改良是在盐碱土上覆盖秸秆，减少土壤水分蒸发。如面对盐碱土表层盐分聚集的问题，可采用深耕、压砂、松土等措施改善土壤结构，破坏土壤毛细孔道，阻断土壤盐分向表层聚集；或在盐碱地覆盖玉米秸秆，阻断土壤水分上行，增加光的反射，降低能量传递，从而降低土壤水分蒸发量，抑制盐分在土壤表层聚集。

2. 水利改良

通过水利工程灌溉排水，将土体中的可溶性盐分排出土壤，以降低土壤耕层的含盐量。虽然水利改良前期投资成本高，但是改良修复效果持久，土壤去除盐分速度快。“灌溉洗盐”可以让盐分随水分迁移到土壤深层，使土壤耕层含盐量减少；“排水洗盐”是在盐碱地区深层设置暗管，收集并排出由上层土壤中迁移到深层的盐分。

3. 生物改良

生物改良具有经济和生态效益高、节省淡水资源等优点。盐碱地区有丰富的耐盐、耐旱野生植物资源，通过野生植物来改良盐碱土具有广阔的前景。一是筛选耐盐碱耐旱植物。澳大利亚利用种植喜盐灌木、耐盐作物相结合的方法发展畜牧业，达到修复土壤盐碱和发展循环农业的目的。二是耐盐树种的引种选育，植物耐盐适应性和耐盐基因提取等。加拿大在咸水灌溉培育条件下，成功获得了耐盐苜蓿、紫羊茅等牧草新品种。

4. 化学改良

化学改良主要是在盐碱地土壤中添加各种钙制剂、钙活化剂、腐殖酸等，与土壤胶体中的交换性钠离子发生置换反应后，随水排出表层土壤，从而降低土壤含盐量或改善土壤营养状况。向土壤中添加化学改良剂，可以降低土壤容重、pH、电导率和碱化度，改善土壤基础理化性质、团粒结构，最终可以提高作物产量。采用生物、物理和水利等改良措施，对轻中度盐碱地和苏打碱土是有效的，但是对于中度盐碱地，还需要改良措施配合施用化学改良剂。近年来，化学改良剂在原料、成本、性能、推广、环保等方面不断改进和发展，已具有很大的推广价值和产品优势。目前国内对工业废渣废弃物作为化学改良剂改良盐碱地进行了研究，如利用烟气脱硫石膏作为改良剂改良盐碱地。

二、盐碱地改良策略与路径

盐碱地开发利用要根据盐碱地的类型、特点和当地现有条件，综合采取水利、农业、林业、草业、化学、生物等配套措施，坚持生态优先、防治结合，建立健全长效机制；结合传统治理盐碱地的典型经验和成熟技术，科学有序推进盐碱地治理，努力增加可利用农地、林地、湿地、草地面积并提高质量；改善农牧业生产条件和生态环境，实现资源节约和环境友好，保障粮食安全和生态安全的总目标。

盐碱地改良和开发利用是一项综合性、长期性、系统性工作，涉及多个科学领域，需要统筹规划，突出重点，完善机制，多方参与。

1. 政策支持

盐碱地开发利用需要建立部门沟通协调机制，实现多渠道资金统筹使用，综合配套土地整治、灌溉排水、生态修复、农机农艺等措施。要结合农业、林业、草业和畜牧业等发展规划和项目实施，不断加大投入力度，支持盐碱地改良相关科研、示范、推广，以及基础设施建设。

2. 模式构建

根据不同盐碱地成因类型，以盐碱地土壤培肥和种植模式为重点，开展重度盐碱地、中轻度盐碱地和盐碱荒地改良技术模式规模化示范。中、轻度盐碱地改良采取由政府引导、群众参与的模式，重度和改良利用难度大的盐碱地采取政府主导、企业主体的模式；生长荒草的可开垦盐碱地，采取草地改良和人工种草的模式进行改良开发利用；对宜林宜草的盐碱地，采取提高植树种草成活率技术和林草结合的改良模式。

3. 科技支撑

根据盐碱土发生类型、危害特点及其微域水土及地形环境，开展土壤、物理、化学、环境、生态、生物等多学科联合攻关。以土壤改良、品种选育、农艺栽培技术为重点，促进生物改良研究与示范推广。针对沿黄、沿海和沿沙化区域特点，突出灌溉节水、土肥水一体化和生物改良技术研究，重视次生盐碱化治理技术创新。加强节水型治理技术研发，明沟排水与暗管排盐相结合，耐盐抗旱作物与控制灌溉技术相结合，争取以较少的淡水资源取得最优的改良效果。加强各类改良技术特别是生物技术的集成和优化组合，因地制宜建立盐碱地改良利用技术模式，不断提升规模化、标准化和便捷性、实用性。

4. 创新引领

探索盐碱地治理的新机制、新举措，推进盐碱地使用权流转，充分调动政府、企业、农民参与盐碱地改良和开发利用的积极性。建立“谁投资、谁受益”的利益分配机制，形成主体多元、投入多元，合力推进盐碱地改良的新格局。促进“产、学、研、用”相结合，大力推进盐碱地开发利用的产业化，扶持一批盐碱地专用肥、改良制剂等生产企业，扶持一批盐碱地特色农业、林业、草业和畜牧业等的龙头企业。

三、盐碱地开发利用

盐碱地开发利用要符合经济、社会发展和生态保护的总体要求。

1. 生态优先

充分考虑盐碱地所在区域的生态功能定位，在不改变生态用途、保护区域生态功能的前提下全面治理。盐碱地开发为农业、林业、草业用地，要做好资源节约利用和生态环境保护，减少水土流失，控制农牧业面源污染，实现农牧业生产和生态保护相协调。

2. 分类治理

系统考虑盐碱地分布地域、盐碱类型、盐碱程度和土地利用方式等条件差异，突出区域性特点，分类治理，综合整治。盐碱地治理要与当地自然资源、经济建设和社会发展水平相适应，与当地产业结构和经济建设需求相协调，宜农则农，宜草则草，宜林则林。

3. 有效适用

盐碱地开发利用要做到治理工程、植被恢复、农艺改造与盐碱土农业、草业、畜牧业相结合，统筹优化灌溉排水、生态修复、农机农艺、生物化学等有效方式，将不同盐碱地分类治理改良技术进行集成与优化组合，建立可规模化推广的盐碱地分类治理与综合开发利用技术模式。

4. 规模推进

根据盐碱地分布和自然条件状况确定重点建设区域，采取集中连片治理、规模化改良的推进方式，实现治理一片、改良一片、成功一片，全面提高盐碱地开发利用的整体性和系统性。

5. 注重实效

盐碱地开发利用要做到改用结合、用改互进，优化耕作制度，调整现代畜牧业养殖方式，建立和完善适应水利化、信息化特点的灌排制度，防止因不合理灌溉、施肥、耕作等利用方式或超载过牧养殖模式导致耕地、湿地和草地次生盐碱化。完善盐碱地治理技术规程和标准，做好跟踪监测、调控与管理，防止改良盐碱地重新返盐返碱。

四、盐碱地开发利用

根据已有经验和集成技术，重点实施土地整理、田间排灌、盐碱地防护和地力培肥，持续推进盐碱地治理与改良。

1. 土地整理

对集中连片、地形起伏较小的盐碱地进行平整，促进水分均匀下渗，提高降雨淋盐和灌溉洗盐的效果，提高水资源利用率，防止盐分积累。

2. 田间排灌

对局部地势低洼、地下水位高、排水不畅和容易内涝的盐碱地，通过新挖排碱沟、清淤疏浚原有排碱沟等措施，完善排水体系，减少盐碱危害和内涝，提高压碱排盐、抗渍抗旱能力。对有条件灌溉的盐碱地，可以引水压碱，能井灌的做到井灌井排。重度盐碱区域要采用深井灌溉，减轻土壤次生盐渍化危害，改善土壤理化性状。

3. 盐碱地防护

在盐碱地上修好田间道路，有树木建植条件的可建立田间林网，改善田间小气候，减少地面蒸发，减轻土壤返盐。

4. 地力培肥

加厚耕作层，改善耕层理化性状；推广秸秆直接还田，增施沼渣沼液肥、商品有机肥，种植绿肥，改善土壤结构，提高地力；测土配方施肥，协调土壤养分，减少不合理施肥造成的危害和损失；应用抗旱保水剂和土壤改良剂，改善土壤理化性状，提高土壤保水保肥、供水供肥的能力，降低土壤盐碱危害。

第二章 盐碱地“改地适种”关键技术

第一节 盐碱地土壤改良技术

盐碱地土壤 pH 为 8.0~8.5，可以采用土壤改良技术，主要是对土层整理改良，采用平整地面、深耕晒垡、微区改土、大穴整地等方法。平整土地时要有一定的坡度，挖排水沟，以便灌水洗盐。凡透水性差、土壤结构不良的土地，在雨季到来之前要进行翻耕，疏松表土，增强透水性。通过土壤改良技术改变土壤结构，避免地下盐分通过毛细管蒸腾作用上升到土壤表层。有时也可以将粗砂与土壤搅拌，改变土壤结构，有效控制土壤次生盐渍化。采取适地适种、适时种植饲草作物、合理灌溉、及时松土、多施有机肥等栽培措施，保证栽培饲草作物正常生长发育。

一、整地改良技术

盐碱地不平整，通过削高垫底、平整土地，使降雨和灌溉水分均匀下渗，达到淋洗土壤中盐分的效果，也可以防止土壤斑状盐渍化。

二、深耕深翻改良技术

土壤中盐分的分布规律是表层聚集多，越到下层越少。经过深耕深翻，可以把土壤表层中的盐分翻到下层，把下层含有盐分较少的土壤翻到表层。通过深耕晒垡能够切断土壤毛细管，减少土壤水分蒸发量，提高土壤活性和肥力，增强土壤的通透性能，有效控制土壤返盐。深耕深翻有利于耕作蓄水，盐碱地深耕深翻最好在返盐较重的春秋季。春宜迟，秋宜早，以保作物全苗。特别是在秋季耕翻，有利于杀死病虫卵和清除杂草。

三、锄地改良技术

锄地可以疏松表层土壤，切断土壤的毛细管。当盐碱地饲草作物出现滞长现象时，不宜平锄、浅锄，而应早锄，适当深锄；适时锄地，浅春耕，抢伏耕，早秋耕，耕干不耕湿。这样可以降低盐碱地的危害程度，促进饲草作物正常生长和发育。

四、填沙改良技术

对于轻度盐碱地，可以灌溉含有较细颗粒度泥沙的河水，使泥沙沉淀下来，充分溶解土壤中的盐分，便于淋洗，随后再通过排水系统将溶解的盐分排出。对于中度盐碱地，最好按照实际的行距、株距挖坑，将坑内的盐渍化土壤挖出，再填入适量沙土，待降雨或者灌溉后再播种。因为泥沙中含有丰富的有机物质和矿物养分，所以填充泥沙能够增加土壤的肥力，从而达到改良土壤的目的。使用填沙改良技术要预先进行专门的规划和设计，同时要注意加强灌溉管理，防止泥沙淤积河道。

第二节　盐碱地水利改良技术

盐碱地水利改良技术是根据盐随水来、盐随水去的水盐运动规律，对土壤含盐量进行调整。

一、灌水洗盐技术

通过浇灌中水、自来水来降低土壤的 pH 和含盐量。单纯使用该技术时，仅限于透水性、透气性良好的土壤。如果土壤黏重，就要结合土壤改良或者设隔淋层等方法。对于土壤性状差、排水不畅，或者有地下水位高等现象，就要采用暗管排盐技术，以达到灌水洗盐的目的。

二、根层下部设隔淋层技术

隔淋层在盐碱地种植饲草的根层之下，深度参照饲草所需最小土壤厚度确定，一般为 20～30 厘米。为保持土壤有良好的排水性、透水性，隔淋层应做成 1%～2%的排水坡度，并向排盐盲沟的位置倾斜。隔淋层材料可选用石子、炉渣、鹅卵石等。将土工布铺设在隔淋层上，起到盐土层与客土层隔离的作用。设立隔淋层是为了提高土壤水下渗能力，切断含盐水沿土壤毛细管上升的路径。

三、排水洗盐技术

通过建立水利工程设施，在盐碱地上采用较大定额量的灌溉水，充分溶解土壤盐分表层的可溶性盐分，使其下渗到深层土壤中或者被直接淋洗。大量含盐水可以通过排水沟排出。排水洗盐法可以起到淋盐洗碱的作用。在整个过程中排水是保证淋洗效果的关键措施，避免采取无排水的淋洗措施。

第三节　盐碱地暗管排盐改良技术

随着经济的发展，人们对生存环境的要求越来越高，对盐碱地的综合利用需求越来越多。在盐碱地种植饲草时，先进行土壤排盐处理，可采用暗管排盐技术。

一、暗管排盐改良技术的核心

暗管排盐技术改良盐碱地的核心是，在盐碱地适当深度，沿着地势排水的实际方向，安置一定间距的地下排水盐管网状系统。在实际施工中，暗管掩埋的深度与间距可按照施工地点的水温和地质条件确定，以最大限度排除浅层中的盐水。暗管排盐技术可有效降低盐碱地土壤的盐度，显著提高改良后盐碱地种植饲草的成活率。

二、暗管排盐改良技术的关键

在一些大面积盐碱地改良中，通过铺设暗管把土壤中的盐分随水排出，将地下水位控制在临界深度以下，达到土壤脱盐和防止盐渍化的目的。预先了解种植饲草盐碱地周围的水利管网、淡水来源和降水情况，以确定排盐管网的走向和埋深。根据就近排水的原则，排盐管网的终端与田间水利管网相接。

1. 排盐管间距和埋深

排盐管埋得越深，影响范围越大，间距也可增大。先确定埋深，再确定排盐管间距。以粉沙壤土为例，埋深 1.5 米时的影响范围是 80~100 米^2，在考虑管壁堵塞等因素的情况下，间距为 30~50 米。

2. 排盐暗管网的布置形式

一般先确定主干排盐管出水口、管网干管的位置，再确定排盐检查井和各级支管的位置。

（1）正交式布置：支管与干管呈 90°角正交，支管汇入干管，盐水直接排走。靠近水利排水管网或水体时可采用正交式布置，优点是排盐干管以最短距离将盐水排出，管线短、管径小，造价低。

（2）汇合式布置：为多条干管汇集，总管排走盐水。在正交式布置的基础上，遇到排水口较远时设置干管，使地下水汇入并引向排水口，一般较大面积饲草种植地都采用汇合式布置。

3. 排盐暗管网布线施工技术要点

（1）管底高程：从管网干管最远点开始，自下游管向上游管设计纵坡，依次计算；到支管与干管汇合检查井处，再继续向上游管段进行计算。根据饲草作物种类，在保证其最薄有效土层的条件下，计算出管底高程和各检查井处管底高程。在不能保证干管水流自然导入城市排水系统时，可考虑人工强排。

（2）过滤层：为使排盐管渗水孔不被土粒堵塞，应在管外设置过滤层，排盐管类型不同，过滤层也不一样。例如，PVC 渗水管的过滤层，一般用 2~3 层无纺布包裹，铁丝缠紧即可。

（3）排盐检查井：检查井是排盐系统管道连接的枢纽，可以用于管道检查、洗沙、冲洗、通气等，并监测管道是否运行正常。通常采用圆形砖混结构。

（4）排盐管：常用的排盐管有 PVC 渗水管、无纺布钢丝管两大类。PVC 渗水管是在管壁加工螺纹状沟槽，槽底设渗水孔。PVC 渗水管管径有 50 毫米、70 毫米、100 毫米等，其优点是施工方便。无纺布钢丝管是近年来开发的，用透水无纺布连接钢丝制成的可伸缩渗水管，也有多种型号，具有运输、施工简便的优点。

（5）自动强排装置：排盐管网设计时，常会遇到因拟排入雨水管网底标高较高，排盐干管地下水不能自然排入的问题，即使勉强可以排入，雨季也容易产生倒灌，使饲草种植地内地下水位骤然上升，土壤大面积返盐。为解决这一问题，须设置强排设施。自动强排装置，由浮球和传感器监测水位，传感器控制水泵抽水。

暗管排盐改良技术的关键是暗管埋深和间距确定，暗管适当埋深和缩短间距能有效遏制返盐现象，杜绝土壤发生二次返盐。根据种植饲草作物所需土层厚度，确定暗管埋深和间距。过滤层和暗管的严密性也很重要，可有效降低土层的含盐量，将地表降水渗入到排盐暗管中，并流入施工前预设的管道，完成土壤脱盐过程。暗管排盐还应确保暗管间连接的密封性良好，防止泥土堵塞暗管中的缝隙。

三、暗管排盐改良技术的效果

盐碱地改良能为饲草作物生长创造良好的土壤条件，而暗管排盐技术又能有效抑制客土发生次生盐渍化。暗管排盐改良技术可以降低地下水位高度，改变土壤积盐运移，防止土壤发生次生盐渍化。在对盐碱地土壤进行暗管排盐改良后，60 厘米深土层含盐量由 0.5%～0.6%迅速下降到 0.1%；在改良后的盐碱地上种植饲草，采取灌水和施肥综合栽培技术措施后，盐碱地 1 米厚土层的含盐量下降并稳定在 0.2%～0.3%。直接种植饲草进行改良盐碱地所需投资大、耗费人力多，饲草建植难度高，如果管理工作跟不上，难以见效。而盐碱地改良技术能保证饲草作物正常生长发育，选择耐盐碱饲草作物品种和加强播种后的田间管理，是实现盐碱地饲草高产的关键。

第四节　盐碱地肥料改良技术

盐碱化土地具有低温、贫瘠、结构差的特点。选择使用适宜的肥料种类、数量，可以降低盐碱化对饲草的危害，提高土壤质量，改善土壤质地与结构。

一、有机肥改良技术

在盐碱地大量投入人粪尿、绿肥、饼肥、畜禽粪便、作物秸秆、麦草肥、混合肥等，经过微生物的分解会转化形成腐殖质，产生大量有机酸。

一方面可以中和土壤的碱性，另一方面可以加速分解养分，促进养分的转化，提高磷的有效性。通过施用有机肥料，可增加土壤中有机物质含量，由此提高土壤肥力，促进饲草作物生长，抑制盐类对饲草作物的不良影响，提高作物耐盐力。有机肥经微生物分解、转化成腐殖质，能提高土壤的缓冲能力，并可与碳酸钠作用形成腐殖酸钠，降低土壤碱性。腐殖酸钠还能刺激作物生长，增强抗盐能力。腐殖质可以促进团粒结构形成，从而使土壤孔度增加，透水性增强，有利于盐分淋洗，抑制返盐。有机质在分解过程中产生大量有机酸，既可中和土壤碱性，又可加速养分分解，促进迟效养分转化，提高磷的有效性。

二、化肥改良技术

化肥大多数是盐类，有酸性、碱性、中性之分。酸性、中性肥料可以施用于盐碱地，而碱性肥料不可用于盐碱地。如尿素、碳酸氢铵、硝酸铵等中性肥料在土壤中不残留任何杂质，不会增加土壤中的盐分和碱性，适宜施用于盐碱地；硫酸铵是生理酸性肥料，其中的铵被作物吸收后，残留的硫酸根可以降低碱性，也适宜施用。草木灰等碱性肥料，则不宜施用于盐碱地。对盐碱地作物施用磷肥时，应选择过磷酸钙，钙镁磷肥是碱性肥料，施用于盐碱地，不仅没有效果，还会导致土壤碱性加重。对于长期施用碱性肥料的盐碱地，可以联合施用酸性肥料和微生物菌肥改良。微生物菌肥的代谢产物如吲哚乙酸、细胞分裂素、赤霉素等，可有效调节土壤的酸碱度，促进根系生长，激活土壤中淋溶固定的磷钾元素，在提高肥料利用率的同时，减少土壤盐碱化。无机肥料可增加盐碱地饲草作物的产量，同时配合灌溉洗盐，改良效果会更加显著。盐碱地应避免施用碱性肥料，如钙镁磷肥、氨水等，宜施入中性和酸性肥料，以施用有机肥料和高效复合肥为主，并注意控制低浓度化肥的施用。高浓度复合肥无效成分少，残留少。其中，硫酸钾复合肥是微酸性肥料，具有改良盐碱地的良好作用，但每次用量不宜过多，以避免加重土壤的次生盐渍化。

第五节　盐碱地振动深松改良技术

振动深松改良技术是将深松耕作与深松犁垂直振动相结合，实现盐碱土改良的一项创新性耕作技术。

一、振动深松改良技术的核心

振动深松改良技术，是将传统的深松犁与设计合理、结构紧凑的振动源相结合，在深松的同时，整机只产生上下振动，大大降低了作业时的土壤阻力，从地表至所需深度土层全部膨松。打破犁底层而不翻转土壤，做到土层不乱，改善土壤耕层结构，降低土壤容重；调节土壤水、肥、气、热条件，重新组合土壤团粒结构，有效改善土壤的物理性状，促进土壤微生物活动，创造植物根系生长和发育的良好环境。打破土壤板结层，使容重大，孔隙少，通气、透水和蓄水能力极差的苏打盐碱土结构得到改善，提高土壤通透性（透气、透水）、涵养性（含蓄水、养分），从而增加雨水的入渗性能，促进土壤盐分向下层运移、沉淀、积累，达到洗碱、降盐、改土的目的。振动深松只是改善了土壤的物理性能，不会给土壤带来任何负效应。切断土壤毛细管，能阻断土壤底层盐碱上升通道，防止土壤盐分随水分蒸发向表土层聚集，缓解了返盐现象；通过雨季对疏松土壤淋洗作用，将盐分淋洗到根系层以下，达到脱盐、洗盐的目的。减少地表径流，增大土壤蓄水容量，提高土壤蓄水保墒能力，能够蓄纳大量雨水、雪水，形成“土壤水库”，增强对自然条件的利用调节能力，做到抗旱防涝。未经过振动深松的土壤通透性不好，降水只蓄积在表层，仅有少量的降水能够下渗到土壤中。

二、振动深松改良技术的关键

采用振动深松犁是盐碱地振动深松改良技术的关键。振动碎土，有利于减少土坷垃的形成，便于播种；边深松边振动，容易形成垂直方向上实下虚、水平方向虚实间隔的结构，土壤膨松度增加，更有利于培肥地力、蓄水保墒，促进饲草作物根系生长；与同等深度、宽度的深松效果比较，振动深松对地表土层翻动少，对土壤持续实施冲击切割，功率消耗明显降低，可从根本上解决地表秸秆、杂草对深松作业的影响。

第六节 盐碱地化学改良技术

盐碱地化学改良技术主要是向土壤中加入化学物质，以达到降低土壤pH、碱化度和改善土壤结构的目的。化学改良剂可以分成3种：一是钙制剂，如过磷酸钙和石膏类等含钙物质；二是钙活化剂，如粗黑矾、硫酸、黄铁矿和硫磺粉等含硫和含酸类物质；三是其他类型的改良剂，如保水剂、腐植酸肥料、土壤结构改良剂、土壤抑盐剂和工矿副产品等。在重度盐碱地上，采用化学改良与其他改良措施相结合，效果明显。盐碱地含有碱性盐类如重碳酸钠、碳酸钠，会破坏土壤的结构，降低通透性，直接阻碍饲草作物的生长。在种植饲草前，可以采用化学改良技术降盐降碱。

磷石膏用于盐碱地改良，是利用磷石膏的钙离子代换土壤胶体的钠离子，形成可溶性盐，结合灌水淋盐，降低土壤碱化度和含盐量。同时其酸性又可中和土壤碱性，还可补充土壤的磷与微量元素。硫酸钠为中性盐，易溶于水，经灌水冲洗可随地下水排出。

一、定向诱导缩小盐分差异化分布技术

在准备种植饲草作物的盐碱地，一次施用石膏（硫酸钙）作基肥，

使钙离子代换土壤中的钠离子，改良盐碱地；或在土壤中注入聚丙烯酸酯溶液，与土壤形成0.5厘米厚的不透水层，减少盐分随毛管水蒸发向表土累积。常施用石膏（即硫酸钙），再灌溉冲洗，即可达到改良效果。每年对盐碱地施用石膏1 125千克/公顷，3年后盐碱化程度明显下降。

二、磷石膏改良技术

磷石膏是磷铵化肥厂的副产品，主要成分为$CaSO_4$，还含有CaO、SO_2，以及少量磷及微量元素等，显酸性。磷石膏呈粉状灰白色，一般不结块。

通常磷石膏改良盐碱地亩用量1.0~1.2吨，当土壤中交换性钠含量和碱化度较高时，用量增加。磷石膏结合绿肥、有机肥及作物秸秆等一起施用，效果更好，能起到改土和培肥的双重作用。

盐碱地深翻，将磷石膏均匀撒在地表，反复耙耱平整地块，让磷石膏与表土充分混匀。及时深灌水，一般水层20厘米深，待土壤湿度适宜（机具能进地）及时播种。土壤湿度大，机具进不了地；过晚湿度小，结块坚硬，播种质量差。

第七节　盐碱地生物改良技术

选种耐盐抗碱的黑麦、饲用高粱、苏丹草、田菁等一年生饲草作物，或选种多年生的苜蓿、羊茅等。在饲草作物种植前先对盐碱地排水洗盐，在饲草作物生长期灌溉和大量排水换水，淋洗土壤中多余的盐分，能够起到较快改良盐碱地的作用。要想通过种植饲草作物来达到改良盐碱地的效果，必须要有健全的灌排水利工程系统，从而保证按时按量的供水、排盐和控制地下水位。

一、盐碱地生物改良技术的核心

在盐碱地改良过程中，采用工程、物理、化学等措施，存在工程量大、费用高问题。除把 Na^{2+}、Cl^{-} 等盐离子排走外，土壤中一些植物必需的矿物质元素如 P、Fe、Mn 和 Zn 等也被排走。地下水和下游水源受到污染，压盐效果难以巩固。因此，盐碱土改良不仅要去盐，还要达到高产稳产，既要排除盐分，又要培肥土壤，生物改良受到重点关注。

盐碱地生物改良技术的主要核心是开展植物耐盐生理研究和提高植物耐盐能力，引种和驯化有经济价值的盐生植物和耐盐植物。利用传统的杂交技术和基因工程方法，培育抗盐新品种和转抗盐基因植物。这一技术投资少、见效快，可使大面积盐碱地不经过工程改良即可被利用，并获得良好的经济效益。

二、盐碱地生物改良技术的关键

盐碱地生物改良的关键在于选择抗盐饲草作物品种，符合农牧业生产的经济效益和生态效益。选择耐盐能力强的饲草作物，对土壤有迅速的脱盐作用；饲草作物的无机盐含量低于常规作物，并有明显的改良土壤物理性状功效；饲草作物应具备较好的饲用品质与饲用价值，无毒无害。

盐碱地生物改良可选用三大类植物。第一类是耐盐树木，如沙枣、胡杨等。树木改良盐碱土壤的作用是多方面的，它可以防风降温，调节地表径流。树木的庞大根系和大量枯枝落叶也可改善土壤结构，提高土壤肥力，抑制表面积盐。同时，枝繁叶茂的树冠可蒸发大量水分，使地下水位降低，减轻表面积盐。第二类是种植抗盐性较强的饲草作物。我国耐盐饲草资源比较丰富，尤其是近年来随着盐碱地改良，研究者已筛选出耐盐饲草品种近 70 个，其中，禾本科饲草作物 49 种，豆科饲草作物 17 种，还有其他科植物。在盐碱草地种植饲草作物，可以疏松土壤，减少表面积盐。待秋天枯草腐烂分解后，产生的有机酸和 CO_2，可起中和改碱的作用。此外，还可促进成土母质石灰质的溶解。由于饲草作物有较好的覆盖度，土壤表面的水分蒸发量减少，土表积盐降低。同时土壤的物理性状也得到改善，土壤总孔隙度和毛管孔隙度增加，透水性能改善。在轻度盐碱地种植豆科饲草，可增加土壤有机质，提高土壤肥力。第三类是高抗盐植物，如盐地碱蓬、盐角草等为退化盐碱地的指示植物，盐分含量 27%~39%。当枯枝叶腐烂时，所含的大量盐分就会遗留在土壤表面，这些植物的饲用价值较低。

第三章 盐碱地开发利用模式与实践

通过对山东省11个地级市、40个县的盐碱地分布情况以及利用现状的全面系统调查，结果显示，山东省盐碱地分为滨海盐碱地和内陆盐碱地两种类型，总面积为889万亩*，主要集中分布在东营、滨州、潍坊和德州市。其中轻度盐碱地面积398.2万亩（占44.8%），中度盐碱地257.7万亩（占28.99%），而重度盐碱地达233.02万亩（占26.21%）。山东省有盐碱耕地579万亩，盐碱荒地309.4万亩，盐碱地利用率高达65.19%。山东省各地区均已形成了较成熟的盐碱改良模式，为盐碱地改良利用和农业可持续发展提供了参考。

第一节 东营模式与实践

一、盐碱地开发利用现状

东营市盐碱地面积341万亩，占山东省盐碱地面积的38%，其中盐碱耕地196万亩，占全市耕地总面积的59%。东营市盐碱地农业规模化、机

* 注：1公顷=15亩，1亩=667米^2。

械化程度高，形成了以“大生态、大牧场、大产业、大基地”为主要特征的现代农业产业体系。粮食播种面积稳定在381万亩，产量135万吨，盐碱地水稻、莲藕面积分别达34万亩、7.8万亩。黄河口大闸蟹、海参、工厂化对虾养殖面积分别稳定在9万亩、17万亩和40万米^2。建成万头奶牛牧场6个、百万头生猪养殖基地3个，人均肉蛋奶占有量全省第一。设立了山东省黄河三角洲农业高新技术示范区（简称山东省黄三角农高区），成为国家第二个农高区，是盐碱地农业技术创新引领示范区。东营市现代农业示范区是省级现代农业产业园、省级农业科技园，是重要的盐碱地科技与产业融合发展示范基地。东营市建立了山东省耐盐植物研究中心，建有国内首家盐生植物园。黄三角农高区、东营市现代农业示范区和东营市农业科学院三大平台以盐碱地综合开发利用为基本任务，搭建起集科技产业孵化、人才培养、科技服务于一体的开放型科技创新载体。

二、盐碱地开发利用的推进与成效

1. 规划引领，高起点编制发展规划

在山东省率先编制了《盐碱地现代高效农业规划》，坚持“生态优先，绿色发展”理念，深入挖掘东营特色，培育盐碱地特色种业、湿地生态农业、智慧设施农业，推广农业生物复合等五类盐碱地农业发展新模式，推动盐碱地农业由“改良土壤适应种子”向“种子主动适应土壤”转变，打造黄河流域盐碱地生态保护与高质量发展先行区、盐碱地高质高效农业创新高地。

2. 系统治理，推进盐碱地综合开发利用

东营自1983年建市以来，综合利用挖沟排盐、种稻改盐、台田降盐、上农下渔等盐碱地改良方式，新增耕地面积60万亩。实施黄淮海开发、高标准农田建设、灌区配套节水改造等，改造后的盐碱地地势平整，成方连片，标准化、规模化、机械化水平显著提升，高标准农田面积达215万亩，规模化经营水平达到72%，农业机械化水平达到95%以上，耕地质量显著提升，盐碱耕地占比由建市初的80%降至59%。2010~2020年，东营市粮食产量增加了65万吨，为粮食安全作出了积极贡献。

3. 集聚要素，推进盐碱地种业创新

充分发挥黄三角农高区、东营市现代农业示范区、东营市农业科学院三大平台创新引领作用，强化盐碱地特色水稻、耐盐碱饲草、特色林果、耐盐碱中药材等种质资源创新。集聚中国科学院、中国农业科学院等高水平科研团队科技、人才等要素资源优势，建设国家盐碱地综合利用技术创新中心，推动中国科学院黄河三角洲生态草牧业先导专项、中国农业科学院东营耐盐作物研究基地、中国科学院种子创新研究院山东基地等一批重点项目有序实施。

4. 提标改造，提升盐碱地绿色发展水平

推广应用盐碱地测土配方施肥、水肥一体化等技术，制定出台支持使用有机肥的鼓励政策，按购买使用商品有机肥200元/吨标准给予补贴。在黄河滩区开展万亩有机肥替代化肥试点，每亩补贴500元，鼓励增施有机肥，推进绿色种植。开展粮改饲试点，2018~2019年，垦利区连续两年承担5万亩试点任务。在全省先行先试，推行小麦—青贮玉米轮作栽培模式，取得初步成效。2021~2022年，东营区、河口区、垦利区、利津县承担6万亩任务。试点推行以来，饲料作物种植面积由2016年的不足3万亩增加到2022年的12万亩，进一步提高了盐碱地的利用率。

5. 调整结构，建设盐碱地苜蓿、燕麦、黑麦等饲草种植基地

优化饲草产业布局，积极推广新品种、新技术、新模式，加快建设全国重要的盐碱地优质饲草生产基地。大力推广苜蓿—青贮玉米复合种植，复合种植面积3万亩以上。编制苜蓿基地发展规划，努力在苜蓿种业创新、种植模式推广、产业链条延伸等方面实现新突破。完善支持政策，市财政每年安排专项资金，对苜蓿种植给予补贴，支持科研机构、种业企业

等培育抗旱耐盐碱、高产优质的苜蓿新品种。

6. 培强做优，培育盐碱地特色品牌

（1）坚持品牌带动：突出盐碱地生产、弱碱性特色，构建起了以“黄河口农品”整体品牌为引领，“区域公用品牌+企业产品品牌”的农产品母子品牌矩阵。黄河口大米、黄河口大闸蟹入选山东省知名农产品区域公用品牌，黄河口大闸蟹品牌价值达26.12亿元。积极“走出去”，在北京、上海、深圳、重庆等地开展“黄河口农品、盐碱地特产”品牌宣传推介，开拓高端市场。举办了“中国农民丰收节”“黄河口大米开镰节”活动，全方位叫响“黄河口农品”品牌。充分发挥抖音、头条自媒体的影响力，采取直播、推送短视频等多种形式，开展“黄河口农品”系列宣传推介，进一步提升品牌影响力。

（2）坚持标准引领：健全特色产业标准体系，制定发布黄河口大米、黄河口莲藕、黄河口滩羊等6个农业地方标准，省级农业标准化生产基地发展到40家，新型农业经营主体按标生产意识和能力显著提升。

（3）坚持质量提升：东营市5个县（区）全部创建为省级以上农产品质量安全县，主要农产品质量安全监测合格率稳定在98%以上，3个产品入选全国名优特新农产品目录。大力推行食用农产品合格证制度，确保符合试行范围的主体全覆盖。通过健全监管网络，强化源头监管，开展风险监测，农产品质量安全监管水平稳步提升。

三、主要发展“瓶颈”及制约因素

1. 发展要素约束趋紧

农业用水紧张，发展盐碱地农业，需要充足稳定的水源作为基础保障，尤其是中重度盐碱地种植作物，需要淡水压碱、淡水洗盐。但东营市农业用水供需矛盾比较突出，严重制约盐碱地农业发展。耕地空间不足，可供开发利用的荒地资源少，生态保护要求严格，新增耕地基本没有空间。

2. 生态保护和改造利用矛盾突出

盐碱地生态系统相对脆弱，土地承载能力低，生物多样性单一，生态保护压力大。盐碱地综合开发、土地改良成本高，需要长期稳定的连续投入，才能确保改良效果。改良好的盐碱地，后期管护、维护成本仍然较高，一旦管护不到位，容易出现土地返盐返碱、耕地质量下降等问题。

3. 科技创新能力不足

传统耐盐作物品种选育进展缓慢，适宜盐碱地现代高效农业发展的作物新品种少。盐碱地农业科技转化成果不多，农产品精深加工能力不强，高值高质产品缺乏。

四、主要发展方向

1. 聚焦粮食安全，挖掘盐碱地粮食增产潜力

结合第三次全国土壤普查，开展盐碱耕地调查，摸清盐碱耕地数量状况和质量底数。以高标准农田建设为依托，综合运用生物、工程和农艺措施，研发应用节水、降肥、减药等新技术，提升耕地质量水平，提升盐碱地综合生产能力。规划建设百万亩大豆种植基地，推行玉米大豆带状复合种植，面向全国盐碱地大豆用种需求，建设黄河三角洲大豆良种繁育基地，积极推广新品种、新技术、新模式，提高粮食综合生产能力，为全国盐碱地利用和保障粮食安全作示范。

2. 聚焦示范带动，增强盐碱地农业科技创新能力

利用好山东省黄三角农高区、东营市现代农业示范区、东营市农业科学院等科研平台，推进产、学、研、用协同创新。以创建国家盐碱地综合利用技术创新中心为引领，抓好中国科学院黄河三角洲科研基地、中国农业科学院东营耐盐作物研究基地、中国林业科学院黄河三角洲综合试验基地、黄三角农高区盐碱地农业综合科研基地等建设，加快国家盐碱地综合利用技术创新中心建设，开展耐盐碱作物新品种的选育、示范和推广，建

设科技成果转化基地，为盐碱地高质高效农业发展提供支撑。

3. 聚焦绿色生态，推动盐碱地农业产业融合发展

促进盐碱地生态利用，推进“良种良法良田配套，农机、农艺、农科融合”，实施农业节水工程，建设一批节水农业示范区。持续抓好化肥农药减量增效、有机肥替代化肥、农业废弃物资源化利用，确保农作物秸秆综合利用率稳定在95%以上，废弃农膜回收率、畜禽粪污综合利用率均保持在90%以上。聚焦盐碱地特色种业、生态草牧业、农业绿色投入品、健康功能食品、智能农机装备等特色产业，建立“公司+基地+合作社+农户”产业示范模式，加快打造链条完整、高质高效的特色产业集群。

五、主要实现路径

1. 创新提升盐碱地农业“东营模式”

进一步聚集涉农领域的团队、项目、成果等资源，在耐盐碱种质资源创新、盐碱地农业绿色发展、盐碱地农产品加工、科技成果转化等方面实现突破。总结盐碱地种业创新、高标准农田建设、农机农艺融合等方面的经验做法，提炼形成盐碱地农业“东营模式”，持续放大示范效应，力争盐碱地综合利用“东营模式”为国家层面决策提供重要参考。

2. 建设饲草产业全产业链

建设饲草种植示范基地，推行饲料作物与粮食作物、油料作物间作和轮作种植，示范推广新技术新模式，建设饲草加工产业平台，完善饲草全产业链。在农业社会化服务、饲草产业集群等方面争取政策倾斜，建设万亩饲草种植基地。

3. 实施盐碱地创新项目

推进盐碱地农业科技创新能力提升工程。建设黄河三角洲国家盐碱地农业科学观测试验站、盐碱地生物资源与评价利用重点实验室、盐碱地农业综合科研试验基地。推进盐碱地种业创新产业园建设。省级层面制定耐

盐碱作物品种审定、认定规范或标准，加快耐盐碱作物品种审定、认定进度。整合山东省黄三角农高区、东营市现代农业示范区、东营市农业科学院资源要素，建设耐盐碱作物种质资源库、耐盐能力鉴定评价中心、育种综合实验室、“育、繁、推”一体化种业企业孵化平台等，面向全国开展作物耐盐能力鉴定评价，提供种质资源。推进盐碱地饲草育种与规模化科技示范工程。开展盐碱地饲草模式研究，培育耐盐饲草品种，建设万亩规模化种植基地，建设饲草加工生产线。

4. 加快建设盐碱地高标准农田

实施盐碱地综合利用专项计划，结合高标准农田建设，加大盐碱地综合利用开发力度，制定盐碱耕地改造提升计划，提高财政补助标准，集成盐碱地工程、农艺、生物等综合措施，提升盐碱地综合生产能力。

5. 适当增加农业用水指标

黄河水对东营市农业发展起到了重要作用，农业用水量占总用水量的60%以上，农业灌溉高度依赖黄河水。但黄河用水指标十分紧张，农田灌溉期间引水、供水保障不及时、不充分。争取黄河丰水季节期间，允许适当多引黄河水用于盐碱地农业生产，实现淡水压碱，淡水压盐。

第二节　滨州模式与实践

一、盐碱地开发利用现状

滨州市现有盐碱耕地 151.7 万亩，主要分布在北部的无棣县和沾化区，无棣县 70.07 万亩，沾化区 54.83 万亩，其他县区 26.8 万亩。盐碱地属于盐化潮土，氯化物硫酸盐类型，潜水埋深平均 1~3 米，潜水矿化度较高，平均 2~5 克/千克。耕层含盐量小于 0.2%的轻度盐碱地面积为 81.07 万亩，含盐量 0.2%~0.4%的中度盐碱地面积为 50.48 万亩，含盐量大于0.4%的重度盐碱地面积为20.13万亩。盐碱地主要种植耐盐碱植物，有小麦、玉米、棉花、苜蓿、芝麻、苗木等。轻度盐碱地主要种植粮食作物、棉花、瓜菜和果树；中度盐碱地主要种植粮食作物、棉花和果树；重度盐碱地以种植棉花和枣树为主。

二、盐碱地开发利用的推进与成效

近年来，滨州市通过土地整治，全面开发利用盐碱地，完善田间水利、道路等基础设施配套，生态环境进一步改善。全面规划、完善项目区内水利、田间道路及农田防护设施，实现“路通畅、沟配套、旱能灌、涝能排”的标准化耕作模式，增强了盐碱地农业综合生产能力；优化了土地盐碱地利用结构与布局，促进盐碱地集中连片开发，增加有效耕地面积，增强防灾减灾能力，提高盐碱地的集约化、机械化水平；改善了农业生产条件，提高了盐碱地质量，增加了盐碱地效益；加强盐碱地生态建设和环境保护，改善了生态环境。

1. 开发利用措施

采取了挖沟排盐、平整土地、淡水压盐、地膜覆盖等措施，形成了比较成熟的技术模式，推广了耐盐碱的作物及品种，例如，沾化冬枣是一种较为耐盐碱的作物，既适宜当地的气候条件，也能够在盐碱地取得较好的产量和品质；棉花是一种耐盐碱能力较强的作物，主要分布在沾化区和无棣县，且主要种植在中度和重度盐碱地。地膜覆盖已成为盐碱地棉花种植最核心、最成熟、最关键的技术，既解决了棉花适期播种的问题，又克服了棉花苗期因返盐死苗的问题。应用淡水压盐技术，在春秋两季土壤盐分聚集节点上，在作物耕种之前灌溉大量淡水，一般亩灌水量为80~120米^3，将表层盐分淋溶到土壤耕作层以下，从而降低耕层含盐量，减轻盐分对作物的危害。增施有机肥改良土壤，有效改善了耕作层土壤的理化性质，促进土壤团粒结构的形成，从而提高了土壤的保水保肥能力，有效阻止地下水蒸发将盐分留在土壤表层中，达到改良盐碱的作用。

2. 推广创新性技术模式

滨州市的耐盐碱作物品种改良和抗逆作物种植模式，采用耐盐碱、耐瘠薄稳产、高产作物品种，如耐盐碱青贮玉米品种、饲用高粱品种和苜蓿品种等。盐碱地植棉、发展枣（冬枣）业，在沾化和无棣北部盐碱地上集中种植棉花和冬枣，取得了良好的经济效益。研究探索了土壤调理剂应用技术，利用硅谷盐碱地调理剂增加土壤团粒，阻断盐分上移，降低土壤容重，提高土壤活性、肥力。硅谷盐碱地调理剂，能促使土壤形成团粒结构，改善毛细管结构，提高通透性，能促进有益生物繁殖；阻延含盐地下水上移，灌溉水容易下渗，把地表盐分带走；调理剂是两性物质，具有极强的缓冲能力，使土壤酸碱度向中性发展。集成了小麦、玉米一年双收的“双深双晚”种植新模式，“双深”即玉米深松播种、小麦适度深翻播种。通过玉米深松（35 厘米以上）播种打破犁底层，增加土壤通透性和蓄水能力，增强玉米抗旱耐涝、抗倒伏能力，同时将雨季过多的降水储存在深层土壤中，做到夏水秋冬用。小麦适度深翻（25 厘米以内）可将深层的湿土翻上来，确保出苗；原表层的干土翻到深层后，深层土壤的水分可以将其渗透湿润，确保小麦生长所需水分，并大幅减少病虫草害。“双晚”即玉米适度晚收、小麦适度晚播。通过玉米晚收，充分挖掘光热资源，大幅提高玉米产量和品质，降低小麦播前水分蒸发量。小麦晚播可避免形成早播旺苗，减少了小麦播后水分蒸发，又降低了盐分在土壤表层的聚集。对农机农艺相结合的盐碱地小麦“全幅播种”技术进行示范。依托先进机械，变传统的宽幅播种为全幅播种，将苗带中的种苗平均分布到整个田地，扩大个体发育空间，实现了麦田提前“封垄”，减少水分蒸发，也解决了盐分向土壤表层聚集等难题。

3. 研发盐碱地新品种

滨州市与中国科学院、河北农业大学等 30 多家科研机构合作，研发了高产小麦、高产芝麻、高产高油大豆等耐盐碱品种，培育了耐盐碱性好、经济价值高的藜麦、苜蓿、金银花等作物品种。山东滨州国家农业科技园区联合北京市农林科学院等单位，筛选了高产、广适、绿色、抗逆小麦杂交种。山东泉玉种业有限公司先后审定泉玉 7 号、泉玉 10 号、泉玉 86 号、钟海 979 等玉米品种，其中泉玉 10 号是山东省审定的耐盐碱型玉米品种。山东绿风农业集团和原山东省棉花研究中心共同研发“鲁棉 258”“鲁棉 532”，于 2018 年 10 月获得山东省品种审定证书。山东省十里香芝麻制品股份有限公司，在良种选育方面精准发力，选育出高耐盐、高蛋白、高油种质芝麻。主要耐盐碱种质资源还有沾化区冬枣研究所繁育的沾化冬枣和沾化冬枣 2 号、山东钟金燕家纺有限公司繁育的棉种、惠民白蜡研究所繁育的白蜡与国槐苗木等。

4. 打造研发平台

滨州市与高等院校和科研院所合作，搭建科研平台，形成科技“洼地效应”。做好与科研院所和高端人才的对接工作，注重科研平台载体搭建，推动科研成果转化。山东滨州国家农业科技园区联合北京市农林科学院等，面向环渤海中低产田区，组织建成环渤海滨海盐碱地杂交小麦联合测试平台。与鲁东大学联合成立“滨州市盐碱地饲草研发中心”；参与山东省农业科学院作物研究所“轻度盐碱地循环农业模式创新和增效技术集成示范”、山东省林业科学研究院“耐盐碱林木种质资源发掘与突破性新品种选育及示范”项目。

5. 研发项目和成果

研究黄河三角洲盐碱地土壤质量提升及生态保育关键技术，提出不同类型滨海盐碱地生态系统优化管理模式及对策，重点解决退化或障碍土壤高效治理与资源可持续利用的关键技术问题。实施耐盐碱小黑麦新品种（系）选育及草豆轮作关键技术，研究与示范品种筛选（育）、草豆轮作、农机农艺融合等关键技术，对筛选出来的牧草新品种及高效生产关键技术进行组装、集成与示范，提升了黄河流域饲草、大豆生产水平。开展优质高产青贮玉米新品种选育与示范推广。采用传统常规育种方法结合现代生物技术，实现了对引进国内外种质及自有优质种质资源的融合创新，选育出突破性青贮玉米新品种。

三、主要“瓶颈”及制约因素

1. 自然资源条件严重制约

淡水资源紧缺，平均年度降水量为570毫米左右，滨州市黄河水指标为8.57亿米^3，其中农业用水指标为3.5亿米^3，仅能满足110万亩耕地用水需求；地下水位高且地下水的矿化度较高，尤其是滨州市北部沾化区和无棣县沿海区域的中重度盐碱地区，地下水位1~3米，给改良盐碱地增加了很大难度。

2. 耐盐碱种质资源较少

作物类型比较单一，以冬枣和棉花为主要作物、苜蓿为主要饲草作物；大田作物耐盐碱性强的品种较少，尤其耐盐碱、抗旱和优质高产稳产的品种较少。

3. 耐盐碱作物品种科研基础薄弱

受体制机制的制约，耐盐品种育种存在公益性基础研究和技术创新投入严重不足，科研人员缺乏，科研成果转化效率低。缺乏与大型科研单位或企业的合作，科研上缺乏统一布局和资源有效整合。

4. 盐碱地改良成本较高

从近年来盐碱地改良利用效果来看，不管是田间工程措施，还是农机农艺措施，投入成本都较高。

5. 管理模式制约

目前，分散的农业生产经营模式仍然占较大比重，在一定程度上制约了盐碱地改良措施的落地生效。

6. 政策支持力度有待加强

近年来，对盐碱地改良利用方面出台的支持性政策少、专题项目少，投入的项目资金较少。有些新成果和新技术难以落地，只局限在小规模的试验示范，辐射带动能力较弱，不能发挥大规模的示范带动作用。

四、盐碱地开发利用主要方向和实现路径

滨州盐碱地开发利用，要树立系统观念，坚持经济效益与生态效益相统一，按轻度、中度、重度盐碱地分类开发，加大创新力度，强化政策保障，实现可持续发展。

1. 资金支持

争取国家、省对盐碱地综合利用的支持力度，增加财政资金投入，发挥财政资金的风向标作用，带动社会资本和金融资本流入盐碱盐改良利用项目。

2. 发展种业

深度挖掘种质资源，特别注重既耐盐碱，又具有较强抗旱性能的作物品种培育，设立新品种研发专项基金，用于支持新品种研发和推广，以及开展品种筛选、试验、示范和配套技术组装；对以地方品种为素材开展新品种（配套系）培育获认定的企业给予一定资金扶持，出台有利于遗传资源保护企业生产与发展的优惠政策，如税收减免、农业保险等。

3. 建设平台

从顶层设计上加大对盐碱地相关科研统筹，明确科研主攻方向，建设“产、学、研、推”联动平台，有关科研单位牵头打造科研院所、农业科技园区、现代农业企业等科研创新平台，依托平台加强耐盐碱植物品种、农机装备等的研究及推广，加快选育出适合本地的高品质、耐盐碱的植物新品种。开辟多元化的“产、学、研”合作渠道，创新产业技术研究院、科技副总等合作模式，共同进行技术创新和农业科技成果产业化。

4. 加快推广

设立重大科技推广项目，采用“农技推广体系+科研+基地”的有效模式，并将盐碱地综合利用列入重大科技推广项目计划，实现技术落地、措施见效。

5. 增加用水

在当前情况下，满足现有农业灌溉尚有很大困难，无法提供额外的改良盐碱地所需灌溉用水。可增加改良盐碱地专项引黄指标，用于盐碱地综合利用。同时加大对滨州水利设施建设的投入，增加水库容量，提高蓄水能力。

第三节　德州模式与实践

一、盐碱地开发利用现状

德州市历史上旱涝碱灾害频繁，曾统计有盐碱地 600 余万亩。“春天白茫茫，夏天水汪汪，年年白忙活，只见播种不打粮”，成为当时农村面貌的真实写照。1966 年，由原国家科委副主任范长江带领中央赴山东抗旱工作队，在当时禹城县以南北庄村为中心的 13.9 万亩重度盐碱地区建立“禹城县旱涝综合治理试验区”，并于 1975 年列入国家科研计划。该试验区探索出了“以井保丰、引黄补源、挖沟排涝、平整土地、种植绿肥、培肥改土、栽种林网、改革种植”等盐碱地综合治理措施，简称为“井、沟、平、肥、林、改”措施，取得明显治理效果。1978 年“禹城试验区井灌井排盐碱地综合治理”获全国大会奖。

德州市先后通过“井灌井排”“科学引黄灌溉”“鱼塘台田”等技术手段治理盐碱地，土地耕种收成大幅增加，副产品效益显现，盐碱地面积大幅减少。这一阶段是以禹城市（原禹城县）、陵城区（原陵县）为代表，几十万亩盐碱地变为良田，盐碱地改造后主要用来种植小麦、玉米、棉花、蔬菜。截至2000年，共改造中低产田330万亩，建设优质粮食生产基地240万亩，优质瓜菜生产基地90万亩，有力促进了德州市农业和农村经济的快速发展。

2000年以后，德州市在治理盐碱地取得成效后，将盐碱地开发利用的重心放到发展资源节约、生态循环型现代农业上来。各地因地制宜，通过“四节一网”资源节约型现代农业技术体系，运用生态农业、农业系统工程等原理和方法，对盐碱地开发利用。最主要的是发展了特色种植、循环农业、规模养殖等效益高、见效快的农业产业。德州市“三品一标”认证产品500余个，涵盖畜牧、蔬菜、果品、粮食等农产品。

二、盐碱地开发利用工作的推进与成效

经过多年盐碱地综合改造利用，德州市盐碱地基本已经成为高标准农田，能够满足农作物生长。现在只有庆云县、乐陵市个别地区仍存在盐碱地。例如，庆云县由于临海的地理因素，土地含盐和pH较高，作物产量相对较低。

1. 传统农业种植

以陵城区、禹城市、平原县等盐碱地改造较为成功的区域为代表，以种植主粮、蔬菜等为主。

2. 发挥生态效益

以乐陵市为代表，结合盐碱地现有状况，乐陵市规划了占地700多公顷的乐陵马颊河省级湿地公园，充分发挥盐碱地的生态涵养功能。

3. 分类开发利用

盐碱地开发利用应“宜农则农、宜林则林、宜草则草”，如庆云县利用盐碱地暗管排灌技术调节盐碱成分，使低产盐碱地变高产农田。结合油葵耐盐碱、生长周期短的特点，推广小麦轮茬接种油葵种植模式。

四、盐碱地开发利用主要方向与路径

德州市注重综合效益，努力把盐碱地打造成“米袋子、菜篮子、钱夹子”。

1. 科学规划

充分结合农田水利基本建设和养殖区域规划，充分考虑自然资源条件、市场需求和技术条件，做到近期与长远规划相结合，开发与改造并重，量力而行，因地制宜，循序渐进。

2. 完善政策

盐碱地综合利用模式一次性投资相对较大，政府应制订一系列鼓励政策，调动社会各方面力量参与。例如，给予财政补贴，提供技术和信息咨询服务等，调动群众参与盐碱地开发利用的积极性，吸纳社会资金，积极鼓励多渠道、多形式开发。

3. 生态优先

盐碱地开发要注重发挥生态功能。对现有以芦苇荡为代表的湿地系统要严格保护。因地制宜选择种植、养殖品种，合理控制规模，不断探索适合不同盐碱地区的良性生态循环系统，创建绿色农业品牌。探索发展生态湿地旅游项目，带动当地群众增收。

4. 产业融合

倡导“种—养—加—销”一体化现代经营模式，推进盐碱地农业的产业化、规模化、标准化、品牌化发展。把综合开发利用与休闲农业等结合起来，促进“三产”融合发展，延伸产业链，提升价值链。探索发展集种植、养殖、旅游、科研、休闲娱乐于一体的农业联合体项目，符合产业思维模式。

5. 典型示范

梳理乐陵市“上虫下渔”孟氏渔业、禹城市北丘生态循环农场、庆云县河谷舜田现代农业产业园等典型企业成功经验，形成可复制、可推广的产业模式。

6. 种质培育

支持育种企业研发耐盐碱品种，降低改造土地成本，直接提升种粮种草单产。持续加大耐盐碱作物种质资源普查力度，形成耐盐碱作物种质资源库。采用辐射诱变、化学诱变等生物技术手段，创制突变群体，形成耐盐碱作物种质的创新资源群体。

第四节 潍坊模式与实践

一、盐碱地开发利用现状

潍坊地区大部分表层土壤为轻度盐碱化，含盐量<0.2%；约有226万亩滨海盐碱地，其中有107万亩含盐量>0.8%盐碱地，主要分布在寿光市羊口镇南—滨海区大家洼南—寒亭区央子镇—昌邑市下营镇一带北部地区；有62万亩含盐量0.4%~0.8%的重度盐碱地，主要分布在北部滨海地区；有57万亩含盐量0.2%~0.4%的中度盐碱地，主要分布在重度盐碱地区外围。

二、盐碱地开发利用的推进与成效

近年来，潍坊市坚持立足生态、绿色发展、因地制宜、综合治理，持续推进盐碱地科学综合开发利用，取得了较大成效。

1. 农牧渔业创新发展

从当地盐碱地特点和产业发展实际情况出发，宜耕则耕、宜牧则牧、宜渔则渔。加快由治理盐碱地适应作物向选育耐盐碱植物适应盐碱地转变，挖掘盐碱地开发利用潜力。

（1）寒亭区选择耐盐碱的袁隆平海水稻种植项目，打造以种植为基础、生态为依托、旅游为带动的海水稻三产融合发展示范区，种植面积达2.51万亩，居全国第一，亩均毛收入6 000元，昔日盐碱地变成农民增收“聚宝盆”。

（2）立足面积广阔的陆域盐碱地，大力发展海水养殖业。潍坊市2021年海水养殖面积61万余亩，海水工厂化养殖面积110万米^3，产量49.1万吨，实现产值108亿元。

（3）探索“借牛还犊”联农带农模式，积极发展盐碱地畜牧业。针对盐碱地农户分散养殖的资金难题和经营风险，引导镇、村、企业、农户密切合作，通过“借牛还犊”联农带农模式，打造盐碱地畜牧业基地。滨海区引进胜伟盐碱地安格斯肉牛产业园项目，在改良盐碱地上种植饲料作物，引进国外良种盐碱地安格斯肉牛，将带犊母牛交给农户饲养并提供指导服务，保险公司承保，对生产的牛犊以协议保护价回收。按50头牛计算，养殖户每年可收益约25万元，深受群众欢迎。同时，养殖及加工过程中产生的粪便、废水等转化为有机肥，用于涵养复育盐碱地，取得较好生态效益。

2. 拓展产业发展路径

注重挖掘和利用盐碱地特色资源，努力延伸产业链，拓展新途径，实现三产联动发展。

（1）发挥本地地下卤水资源丰富的优势，努力做大做强盐化工产业，成为传统优势支柱产业之一，在潍坊市工业经济中占有重要地位。潍坊市山东海化集团，成为全国重要的海洋化工生产和出口基地、国内盐化工龙头企业。

（2）潍坊市排专项资金，以滨海区为重点，整合寿光羊口、昌邑下营等沿海资源，努力打造以海洋生态休闲与滨海度假为主题功能的产业集群片区。目前已在滨海区重度盐碱区建成千亩放飞场、百米“渤海之眼”

摩天轮、国家4A级欢乐海沙滩景区等文旅产业项目，承办世界风筝冲浪锦标赛等重大活动，形成“春放彩鸢秋冲浪、夏戏海水冬泡泉”知名文旅品牌。寒亭区积极发展新型农旅综合体，将盐碱地海水稻种植与周边禹王国家湿地公园连片开发，改良盐碱地2万余亩，恢复湿地生态4 200余亩。

3. 提高盐碱地治理成效

搭建协作平台，引入市场机制，鼓励引导企业、农户协同参与，实现多元参与、共治共享。

（1）打造废弃盐田绿色开发样板。针对卤水资源枯竭、卤度降低、成本增高的废弃盐田，及时开展盐田复垦，增加耕地。以黄河三角洲废弃盐田绿色复垦与利用关键技术研究与示范项目为牵引，通过清运废弃盐田内杂物、平整盐田底部土地，建设灌排沟渠和农田防护，运用土壤脱盐改良等工程技术，持续推动国有清水泊农场建成废弃盐田复垦示范基地。

（2）因地制宜探索有效模式，实现土壤盐分下降、盐碱地变良田，取得良好经济和生态效益。昌邑市青阜农业综合体与中国科学院海洋研究所等合作，设立盐碱地改良和病虫害防治实验室，探索引水蓄水、提取卤水、深翻土地、淡水压碱、作物吸盐、培育良种“六步法”改良盐碱地，使昔日基本颗粒无收的“盐碱滩”变成了如今盈车嘉穗的“吨粮田”，亩均增产粮食200千克以上，亩产苜蓿干草1吨以上。

4. 生态修复与产业发展融合

坚持系统治理理念，对河道和盐碱地综合施策，形成生态、经济、社会效益多赢局面。打造特色河道生态湿地。针对潍坊北部沿海盐碱地分布广泛、河流入海口众多的实际，着眼把水留住、改善水质，努力打造生态水网。开发“柽柳+肉苁蓉”模式，依托科研机构，成功培养出强耐盐碱乔木型柽柳，解决了盐碱地种植树木成活率低的难题，大力发展“柽柳+肉苁蓉”林下经济，亩产值达2万元以上；同时，种植3年后柽柳林下土壤含盐量由3‰降为1‰，有效推进了土壤改良工作，实现了“盐碱荒滩”向“绿水青山”，“投钱变绿”到“以绿生钱”的蝶变。

三、主要“瓶颈”及制约因素

1. 统筹推进不够

盐碱地综合开发利用力量相对分散，多个部门单位协同推进的工作合力尚有欠缺。

2. 资金投入不足

盐碱地产业特别是农业生产投入高、周期长、效益低，社会资本投入积极性不高，盐碱地开发利用更多依靠财政资金单一投入，财政压力大。财政收支矛盾比较突出，对盐碱地治理的保障压力比较大。

3. 支持政策缺乏

支持盐碱地综合开发利用的扶持政策还较少，尤其对盐碱地种业还没有专门的项目支持，在一定程度上制约了盐碱地开发利用。

4. 科技支撑不足

盐碱地开发利用技术创新平台多是企业自主创建，政府和科研院所参与的力度还不大，特别是在专业人才培育方面存在短板，盐碱地开发利用方面的专业技术人才比较缺乏。

四、主要方向和路径

1. 顶层规划设计

整合政府、科研院所、高校、企业、村等各方资源，明确权责范围、完善工作机制。

2. 加大资金支持

围绕盐碱地开发利用给予专项资金补助，通过以劳代资、财政补贴、适当奖励、PPP 等方式，鼓励和支持社会资金投入，调动龙头企业、农民专业合作社、养殖大户投资积极性，形成良性循环。

3. 制定扶持政策

在开展复垦适宜性、可行性评价的基础上，将废弃盐田纳入城乡建设用地增减挂钩范围，为优化调整土地利用布局、最大限度提高盐田资源利用潜力提供依据。对从事盐碱地修复利用活动的企业，给予相应税收优惠支持。对存在盐碱化风险的耕地区域的地下卤水申请新设矿业权，合理布局卤水井并准许开采，适当降低地下卤水水位，防止现有耕地重新盐碱化。

4. 人才培育引进

鼓励和支持区域内院校新设或升级相关专业（方向），培养大批从事盐碱地开发利用方面的高素质技术人才。加强高端人才引进，聚焦盐碱地开发的博士、技术专家等高层次人才，打造高水平的科研团队，为盐碱地综合开发利用提供智力支撑。集聚盐碱地开发方面的优质资源，依托区域载体，加大培训力度，全面提升从业者素质能力。

5. 技术研究推广

聚焦耐盐碱植物选育、盐碱地改良、土壤微生物生态以及盐碱地开发模式等，努力在关键核心技术和重要创新领域取得突破，为盐碱地开发利用提供技术支撑。搭建更多高层次协同创新平台，联合成立盐碱地综合开发利用研究中心，鼓励支持企业与涉农高校、科研单位建立盐碱地产业发展联盟等，将科研成果加快转化为现实生产力。

6. 种质资源收集保护利用

针对育种工作周期长、见效慢的特点，加大研发投入支持力度。鼓励涉农高校、农业科研院等企事业单位积极收集、鉴定、保存耐盐碱植物种质资源材料，运用现代生物技术进行改良，创制一批具有较高利用价值的耐盐碱新种质和育种中间材料。

第五节 烟台模式与实践

一、盐碱地开发利用现状

烟台市的盐碱地主要在莱州，莱州市濒临渤海湾，海岸线全长108千米，属干旱少雨城市。20世纪70~90年代，莱州市因长期降雨偏少、过度开采地下水，造成海水入侵，沿海镇街出现大量盐碱地。80年代以来，莱州市全面开展盐碱地成因分析和相关科研攻关，不断加大资金、项目、工程投入，通过建设防潮堤、拦海坝、地下水库、调水工程，以及实行严格水资源管理、调整种植品种、优化种植结构等方式，多措并举减少海水入侵，逐步降低盐碱土地面积，提高盐碱地农业作物产量。目前，盐碱地大幅缩减，得到了有效利用。

莱州市年平均降雨量约600毫米，其中80%集中于6~9月份，由于地理位置所限，没有客水入境，降雨时间集中，雨水大多直流入海，年蒸发量达2 116毫米，为年降水量的3.5倍。莱州市水资源贫乏，又无客水，降水不仅是莱州市地表水的唯一来源，也是地下水的最主要补给来源。20世纪70年代末，烟台市年均降水量仅400毫米左右，存蓄的水资源满足不了工农业生产和人们生活用水的需要，导致过量开采地下水。井深由原来的7~8米逐步加深到40~50米，个别区域到达上百米，地下水位急剧下降。1976年莱州市发现海水入侵，盐碱地面积仅有15.8千米^2，到90年代末已扩大到200多千米^2。

遭海水入侵的滨海地区，土壤盐碱度改变，高产田变成低产田，农作物和粮食出现减产。水中氯离子含量升高，企业设备锈蚀严重缩短了使用年限，影响了正常生产。大量机井变咸报废，增加了生产成本。由于地下水被污染，侵染区群众吃水受到影响，各级财政为保障安全用水投入了大量资金。

二、盐碱地开发利用的推进与成效

经过多年来盐碱地集中整治和综合利用，目前莱州市盐碱地总量控制在1万亩左右，主要分布在土山镇西部、北部和城港路街道部分村庄。盐碱地已种植高粱、地瓜、花生等耐盐作物，正常开展农业生产。

莱州市本着工程措施与非工程措施并举，投入大量财力，通过修建王河地下水库，实施以淡压咸，停止开采地下水等措施，积极开展海水入侵综合治理，保护修复水生态环境，已取得了明显成效。

莱州市对海水入侵现状、防治途径与措施进行了攻关，对莱州湾开展了海岸带水文地质、第四纪地质与地貌调查，并利用遥感技术对莱州湾海水入侵进行了分析。在海水入侵区推广了节水农业技术。

在莱州市王河流域，重点开展了王河海水入侵区地质条件、水资源评价与开发利用、拦蓄补源、节水和饮用水状况、良性高效农业生态系统等研究。通过野外物探，采集了大量海水入侵的特征数据，验证了王河流域海水入侵现状，进行了海水入侵严重区摞地雨养培植甘薯的试验；选取典型严重海水入侵区，开展了节水农业措施与技术的试验研究。

1. 加强工程建设，防治海水入侵

为充分利用水资源，缓解滨海区域缺水矛盾，莱州市大力建设水网工程，合理开发调配地表径流，采取“引、蓄、拦、调”等综合措施，大力实施拦蓄补源工程建设。

修建了王河地下水库，王河地下水库位于王河下游，库区总面积68.49千米^2，总库容5 693万米^3，最大调节库容3 273万米^3，主要包括地下截水北坝、西坝及副坝工程、人工补源工程及供水工程。地下截水坝阻挡海水向内陆入侵。人工补源工程包括地面拦蓄补源工程和地下回灌补源工程两大部分，地面拦蓄补源工程通过2座拦河闸、1座橡胶坝，扩大河道拦蓄水量，延长地表水向地下水的转化时间，增加入渗量。地下回灌补源工程，包括王河河道内机渗井工程及过西引水回灌渠、回灌坑，河道和引水渠内渗渠 187 条，机渗井 1 200 眼，加速地表水转化为地下水；王河地下水库建成后，经计算，年增加回灌量 1 000 多万米^3。王河地下水库的建成，对王河下游海水入侵的治理起到积极作用。

建设调水工程，科学调度洪水资源，重点实施了三河六库联网工程、加快水源工程建设，对全市水源地水资源进行科学调度和优化配置。建设引调水工程，科学调配水资源。从坎上水库铺设输水管道 6.6 千米，实现了从坎上水库向驿道水厂调水，日调水能力达到 1.5 万米^3。实施了小沽河调水隧洞修复工程。工程修复隧洞 2 450 米，将庙埠河水库的蓄水通过隧洞自流到临疃河水库和饮马池水库，为城乡供水提供了有力保障。

2. 建设拦海工程，治理海水入侵

在土山、珍珠、虎头崖沿线建设防潮堤工程，治理海水入侵。在城港路街道朱家村，于 1995 年和 1997 年建成两道拦海大坝，同时开挖淡水库、栽植防风林、铺设地下管道等，摸索出“筑坝拦海，人工造河，引淡蓄淡，以淡压咸”治理海水入侵方式。

3. 节约用水，防止水生态环境破坏

依据莱州市地下水超采的现实，采取综合节水措施，实施集中供水，发展节水农业，推广节水技术，严格控制地下水开采量，收到了明显的节水效果。为合理调配水资源，有效防治海水入侵，鼓励引导沿海地区发展集中规模供水，减少地下水开采量。发展节水灌溉农业，农业是用水大户，约占全市总用水量的 80%。为全面改善农业生产条件，减少地下水开采，防止海水入侵，莱州市发展各类节水灌溉面积 57 多万亩，占莱州市有效灌溉面积的 85%，年节水 3 000 多万米^3。

4. 优化农业种植结构

莱州市在农作物品种选用、耕作制度、节水农业、拦蓄补源、围堰造田等方面做了大量工作。给大部分盐碱地配套了基础设施，大大改善了海侵地水浇条件，莱州市大部分盐碱地都能正常进行粮油生产。在盐碱度相对较高的土山镇，通过农艺措施调整种植业结构，引进棉花栽培，增加农民收入；在盐碱度最高的荒滩，大面积栽培柽柳，建造生态公益林，大大提高了莱州市盐碱地的产出效益。

三、盐碱地开发利用主要方向与路径

加大对海水入侵地区治理工程项目的资金、政策扶持，提高防御海水入侵的能力。

加大盐生植物的推广力度，培育更加耐盐碱的优质农作物品种，满足盐碱地区的种植需求。

提高盐生植物可利用价值的开发，将有经济价值的盐生植物栽培引上产业化道路。

第六节　淄博模式与实践

一、盐碱地开发利用现状

淄博市盐碱地主要位于鲁北平原的高青县。高青县面积 831 千米^2，耕地 78 万亩。20 世纪 80 年代前，高青县盐碱地主要集中在沿黄 3~5 千米范围内及大芦湖周边区域，总面积在 8 万亩左右。高青县盐碱地成因：一是黄河水本身就带有大量泥沙（包括盐碱成分）。高青县土壤属河流冲积平原，由于黄河多次决口、改道，致使泥沙沉积，反复冲切，相互叠压而成。二是高青县北临黄河，南靠小清河，特别是黄河在高青为地上河，造成高青县地下水位偏高。同时高青县气候属于北温带季风气候，春季光照强、降水少，大气蒸发使土壤水分汽化，促使地下水补给土壤水，土壤

及地下水中的可溶性盐类随水流上升蒸发、浓缩，积累于地表。三是高青县两河相夹，地势相对低洼，区域性排水不畅，不利于盐分排出。

二、盐碱地开发利用的推进与成效

20世纪80年代以来，高青县结合实施国家黄淮海平原综合开发、黄河三角洲农业综合开发和土地整理等项目，累计改良盐碱地65.7万亩。目前高青县盐碱地改良基本完成，已不存在连片盐碱地。

1. 加强水利建设，引黄灌溉

20世纪80年代，高青县先后通过实施黄淮海平原农业综合开发、黄河三角洲农业综合开发、千亿斤粮食项目、土地整理及高标准农田建设等项目，显著改善了灌排条件，主要耕地旱能浇、涝能排。高青县常年引黄灌溉农业用水1.43亿米^3，达到了以水压碱，改造盐碱地的目的。

2. 秸秆还田，抑盐压碱

高清县有125万亩大田作物，其中60余万亩小麦秸秆还田，25万亩玉米秸秆直接粉碎还田。通过秸秆还田，大田平均土壤有机质含量由2013年的13克/千克提高到2020年的17克/千克，土壤速效钾含量由2013年的128毫克/千克提高到2020年的181毫克/千克，土壤养分含量稳步提升，增强了土壤抗盐碱、耐盐碱能力。

3. 增施有机肥，减少化肥使用

高青县是一个传统种植和养殖大县，农户有使用畜禽粪便、农家肥的习惯。2021年实施绿色种养循环农业试点项目，全县有机肥推广面积达8万亩，其中蔬菜、果树、中药材等经济作物1万亩，粮食作物7万亩。通过增施有机肥，2021年全县化肥用量26 228吨（折纯，下同），较2020年减少2 276吨，同比减少化肥使用量8%。青城镇刘学永种植小麦450亩，每亩使用1吨有机肥作底肥，亩均减少化肥30千克。常年小麦单产600千克以上，较不施有机肥农户增产15%以上。

4. 土壤深耕，降低盐分

大力推广土壤深耕，改变土层结构，将部分含盐量大的表层土壤深翻到25厘米以下，降低作物根系生长主要土层的土壤含盐量。高青县常年土壤深耕面积25万亩左右，3~4年可实现土壤深翻一遍。

5. 种植耐盐碱作物，加速改良进程

种植耐盐作物可加速盐碱地的改良过程。耐盐植物通过根系的穿透作用使土壤变得疏松、容重变小、孔隙度增大，继而提高土壤通透性、改善盐碱地的土壤理化性质。常规耐盐碱作物包括棉花、油菜、甜高粱、油葵、大豆等。20世纪90年代，高青县曾大量种植棉花，成为全国棉花百强县，棉花种植面积达到35万亩以上。在低洼涝地实施上粮下鱼中低产田改造，在沿黄低洼地片实施麦稻轮作。

三、盐碱地开发利用主要方向和路径

1. 因地制宜做好“水文章”

加强农田水利建设，做好灌排“水文章”。科学调度黄河水，在农业生产的关键时刻必须引进黄河水灌溉；同时建设好防渗渠，尽量减少水资源的浪费。一定要高度重视排水渠的配套工程，实现以水压盐排盐的目的。

2. 耐盐碱植物的筛选、培育和推广

科研部门要加强耐盐碱植物的选育，在不具备灌排条件的地方，通过合理推广耐盐碱植物，实现经济、社会和生态效益的综合提高。

3. 推广秸秆还田和粪肥还田

实施农牧结合、种养结合，在低盐碱度、适合农作物种植的区域，大力推广秸秆还田和腐熟粪肥还田，通过增加土壤有机质，改善土壤耐盐、抗盐碱、缓冲盐碱能力。

第四章 盐碱地植物生产与利用

第一节 盐碱地原生植物与利用

盐碱地具有土壤表层积盐重，底土含盐量高，土壤和地下水的盐分组成以氯化物为主且地下水矿化度普遍很高的特点。植被覆盖率低，土壤裸露在阳光下，蒸发强烈，地下水上升，使地下水所含有的盐分残留在土壤表层；由于场地内相对标高低，排水不畅，不能将土壤表层积累的盐分淋溶排走，致使土壤表层积累的盐分越来越多，特别是一些易溶解的盐类（如氯化钠和碳酸钠等），结果就形成了盐碱地。

一、盐碱地对植物生长的影响

盐碱地由于含有大量的盐类或碱类成分，对植物生长会产生影响。

1. 引起植物生理性干旱

盐土中含有过多的可溶性盐类，会提高土壤溶液的渗透压，引起植物的生理性干旱，植物根系和种子发芽时不能从土壤吸收足够水分，甚至水分从根细胞外渗，使植物萎蔫，甚至死亡。

2. 伤害植物组织

土壤含盐量过高，尤其在干旱季节盐类常集聚表层伤植物胚轴，以碳酸钠、碳酸钾伤害最大。在高碱度下，还会导致氢氧根离子对植物的直接伤害。有的植物集聚过多的盐分，原生质受害，蛋白质的合成受到严重阻碍，含氮中间代谢物积聚，造成细胞损害。

3. 影响营养吸收

由于钠离子的竞争作用，植物对钾、磷和其他营养元素的吸收量减少，磷的转移也会受到抑制，影响植物的营养状况。

4. 影响气孔关闭

在高盐度作用下，植物细胞内的淀粉形成受到阻碍，叶片气孔不能关闭，植物容易枯萎。

盐碱地不适合植物生长，限制了植物的地理分布，难以满足当代经济和生态发展的需要。

二、盐碱地原生植物分类

根据盐碱地自然生长的植物对土壤盐分的适应方式和适应特点，主要分为泌盐植物、聚盐植物和不透盐性植物三类。

1. 泌盐植物

泌盐植物又叫排盐植物，这类植物可以把盐分自动排出体外。如柽柳属和匙叶草属植物，它们主要生长在盐分较多的环境中，虽然吸收了大量盐分，但能自主地通过分泌腺将盐分排出体外，避免盐分危害。海边红叶和落地生根等稀盐植物则在吸收了大量盐分后，通过快速生长来吸收大量水分，以此来稀释细胞中的盐分。

2. 聚盐植物

聚盐植物又叫吸盐植物，这类植物是在重度盐碱地中生长的。如盐角草、滨藜等，它们在盐碱土壤中会吸收大量的盐分并累积而自身不受伤害，对盐碱地可起到一定的改良作用。

3. 不透盐性植物

一般是在轻度盐碱地中生长的植物，如盐地紫菀、筒婉、田菁和碱地毛风菊等，它们的根细胞对盐类透性非常小，几乎不怎么吸收。

三、盐碱地原生植物的直接利用

1. 药用类利用

盐碱地植物是十分宝贵的野生药用植物资源，如甘草属植物的根和茎，可以补益脾胃、清热解毒、润肺止咳；罗布麻具有清热泻火、平肝熄风、养心安神、利尿消肿的作用，其叶子是治疗高血压的中药，现已被加工成降压药和降压茶。这些药用植物的生产可与盐碱荒地、海滩、河滩的开发利用结合起来，如在盐碱地种植甘草、罗布麻、单叶蔓荆等。另外，盐碱地药用植物还有白花草木樨、中亚滨藜、盐角草、二色补血草、白刺、枸杞等。

2. 食用类利用

盐碱地植物如碱蓬幼苗、蒲公英、羊角菜等苋属植物，蛋白质含量特别是赖氨酸含量比小麦和大米都高。它是古代印第安人的主要食品，用苋属植物与小麦制成的面包中蛋白质含量大致等于牛奶。碱蓬幼苗俗称“黄须菜”，其幼茎、幼叶作为蔬菜食用，营养丰富、脆嫩可口、味道鲜美，既可作为时令蔬菜，又可作为包子、饺子等面食的馅料。食用植物还有枸杞、野大豆、海边香豌豆、沙枣、海乳草等。

3. 饲草类利用

盐碱地植物可作为饲草饲料的有猪毛菜、羊草、大米草和鼠尾粟等。我国已从英国引种大米草，在沿海地区种植，不仅起到了固滩护岸、改良盐碱地的作用，还可以养鱼，发挥了良好的经济效益。可作为牧草饲料的盐碱地植物，还有滨麦草、星星草、狗牙根、饲用高粱、黄花苜蓿、善藜、海边香豌豆等。

4. 油脂类利用

盐碱地植物含油量较高的有野大豆、马蔺、蒿、单叶蔓荆、野菊等。盐地碱蓬含油量高，亚油酸含量也高，可生产食用油。碱蓬种子出油率为26.1%，可作为食用油和工业用油，其精炼油中亚油酸含量高于花生油、豆油和菜籽油等食用植物油，是一种高级食用油。

5. 芳香油类利用

含芳香油类的盐碱地植物主要有海州蒿、砂引草、单叶蔓荆和野菊等。海州蒿在盐碱荒地广泛分布，数量多，种子含油量19%，可作为肥皂和油漆的原料，也可食用，有较大开发利用潜力。

6. 纤维类利用

盐碱地植物芦苇、罗布麻、田菁、蜀葵、马蔺、柽柳等，都是纤维类植物资源。柽柳是编织筐、篓的好原料，耐盐碱，易在盐碱地形成天然灌丛。种植柽柳，可以绿化盐碱地，保持生态平衡，是开发利用盐荒地的好途径。罗布麻是优良的纤维原料，能纯纺或混纺成60~160支高级纱，织成高级布料，被称为“野生纤维之冠”。

7. 鞣料类利用

盐碱地含鞣质较多的植物是柽柳，鞣料常指单宁，可从柽柳中提取获得单宁，用于熟皮鞣制、制作钢笔墨水、染布等。

8. 绿化类利用

许多盐碱地植物具有观赏价值，例如，盐碱地沙枣花色美丽、果形漂亮，不仅是良好的生态防护树种，也是一种良好的蜜源植物。盐碱地补血草的花不仅美丽，而且花期长、花色不消退，很适合作干花材料。就生态学而言，杂草具有吸收烟尘和粉尘，减少空气中的细菌含量，净化污水等生态作用。

9. 种质类利用

一般盐碱地植物都具有较强的抗旱性和抗盐性，对不良环境有很强的适应能力，是宝贵的抗性基因库，是开展耐盐牧草、草坪草和生态草育种的重要种质资源库和基因库。

三、盐碱地植物的间接利用

1. 资源利用提高

盐碱地植物对于固定土壤，提高光能利用率，增加土壤有机质含量，改善土壤理化性状，减少盐碱地水分蒸发量都具有重要作用。如马唐、狗牙根等杂草有密集匍匐茎和庞大根系，有很强的固土作用；柽柳有很强的抗盐能力，利用繁茂的枝叶遮盖，可降低盐碱地表面水分蒸发量。

2. 土壤质量提升

碱蓬可以使盐土脱盐，降低土壤的含盐量，增加土壤中氮、磷、钾及有机质和微生物的含量，从而改良盐碱地土质。碱蓬被誉为盐碱地改良的“先锋植物”。

3. 淡水资源保护

淡水资源匮乏与传统农业对淡水依赖的矛盾突出。传统改良盐碱地都是利用淡水洗盐压碱，然后种植作物，最大制约因素是淡水资源不足。经过探索实践，人们在盐碱地上种植碱蓬取得成功，并用海水进行灌溉，效果良好，有效解决了淡水资源缺乏的问题。

4. 生产发展促进

盐碱地适合碱蓬等耐盐碱植物生长，而且是耐盐碱植物生长的必要条件。过去人们都把碱蓬当作废弃物，这对资源是极大浪费。据估计，仅黄河三角洲盐碱地每年就可产野生碱蓬种籽 20 万吨以上。碱蓬作物化，使贫瘠的盐碱地、地下咸水甚至海水能够直接用于生产蔬菜、饲料和食用油。目前，碱蓬种籽产量可达 2 250~3 000 千克/公顷，如果在盐碱地上种植碱蓬并合理利用，我国每年可增产食用油约380万吨。

5. 生态环境维护

盐碱地植物的开发和人工种植，有利于盐碱地环境绿化和植被修复，可以消除裸露的盐碱荒滩；防止水土流失，使不毛之地变为沃土。碱蓬的开发有利于保护湿地。碱蓬是湿地退化后的次生植被，能逐渐增加盐碱地的有机质含量，逐步降低土壤的含盐量，促进潮滩的土壤化进程，为其他植物的生长创造条件。大面积种植碱蓬，将盐碱荒地变为美丽的绿洲，增加空气湿度，改善气候条件；同时，碱蓬植被的形成，也为许多野生动物提供了繁衍生息的场所。

第二节　耐盐碱植物选育与利用

系统开展植物耐盐碱性鉴定和评价工作，筛选和培育优良耐盐碱植物新品种、新材料，优化盐碱地植被体系，是盐碱地饲草作物生产最经济、环保的措施。

一、植物耐盐碱性鉴定及评价

植物耐盐碱性是指植物在盐碱胁迫下，其生长发育对盐碱毒害的反应能力。对植物耐盐碱性进行评价，是植物耐盐碱育种和资源创新的前期基础性工作。如通过研究盐胁迫下饲用高粱、苜蓿和饲用燕麦的生长和生理响应，确定株高、相对生长量、产草量、膜透性、脯氨酸含量、根茎叶中的Na^+和K^+含量等植物耐盐性评价的重要相关指标，对饲草品种的耐盐性进行评价，可筛选出适宜不同盐碱地栽培的饲草品种。

二、耐盐碱植物选育

培育和种植耐盐碱植物品种，充分挖掘植物的耐盐碱潜力，提高植物品种的耐盐性和成活率，是盐碱地饲草作物生产最经济有效的措施。耐盐碱植物常规育种方法，主要包括从本地适生植物或环境气候类似地区选育或引种耐盐碱性强、性状优良的品种等。例如，在苜蓿优良变异单株中选育得到的“鲁苜丰1号”，产量高、品质优良，可在含盐量为0.3%～0.5%的土壤中正常生长。该品种在含盐量为7.0%的土壤中仍可存活，是滨海轻中度盐碱地适宜种植的紫花苜蓿优良品种。利用基因工程将耐盐基因转入植物体，进而提高植物耐盐性，为耐盐碱植物育种提供了新途径。但迄今为止，依靠单个或少量基因的转入，未能在很大程度上提高植物的耐盐性，有待于进一步研究。

三、盐碱地植被体系构建

利用引进或培育的盐碱地饲草品种，构建盐碱地饲草生产植被体系。在改善盐碱地土壤理化性质同时，促进植物生长。在滨海盐碱地构建饲草生产体系，应对多年生与一年生草种、高秆与矮秆草种、须根性与直根性草种、禾本科与豆科草种、不同生育期草种等进行行间或带状间作配置，充分发挥一种植物对其他植物的生长促进作用，又不影响其自身生长。构建盐碱地饲草多样化的复层生产群落，提高单位面积饲草的生物多样性和产草量。

第三节　盐碱地饲草生产与利用

一、饲草生产优势

长期以来，饲草种植在盐碱地综合开发利用中具有引领作用。许多牧草品种具有抗盐碱、耐瘠薄等特点，常常作为盐碱地改良的先锋作物，盐碱地改良后再种植经济作物和粮食作物。山东省内盐碱地所处区域位置优越，自然资源丰富，地势平坦，有利于饲草生产的机械化作业和规模化生产；雨热同季、气温适中、四季分明，有利于饲草作物生长。目前饲草主导生产模式有以下 3 种。

1. 商品饲草生产模式

滨州市有苜蓿商品草生产传统，有饲草企业 6 家，建立了万亩以上的苜蓿种植基地 5 处，种植面积达到 6 万多亩，年产苜蓿干草 5 万吨，主要进入市场销售，销售价格 2 100 元/吨，每亩增收 500 元。

2. “草—棉”轮作模式

盐碱地是传统棉花种植区，棉花单作，一年一熟，生态系统脆弱，冬季农业资源不能充分利用。饲用黑麦耐旱、耐寒性强，且蛋白质、赖氨酸含量高，有较好的饲用价值。在棉田冬闲期，增种一茬小黑麦，可充分利用光热资源，实现“一年两熟”，提高棉田产出率，为畜牧业发展提供优质饲草，不仅增加棉农收入，而且可以增加冬季植被覆盖，改善冬季生态环境。饲用黑麦亩产干草达 600 千克，每亩增收 100 元。

3. “燕麦—水稻”轮作模式

黄河三角洲盐碱地为单季稻稻作区，土地利用率低，燕麦生育期短，干草产量可达 700 千克/亩。利用水稻冬闲田种植燕麦，较传统水稻种植模式，可多收一季燕麦饲草收入，每亩增收 300 元左右。利用水稻冬闲田种植燕麦草，增加了优质牧草供给能力，缓解优质牧草短缺，对“草—畜—肉乳”一体化发展作用突出。

二、饲草生产“瓶颈”

盐碱地开展饲草生产面临诸多问题，土壤盐碱化直接影响饲草作物生长发育，甚至形成盐害或碱害。

1. 影响光合作用

叶绿体是饲草作物进行光合作用的主要场所。盐胁迫下，饲草作物吸收不到足够的水分和矿质营养，造成营养不良，盐分过多使叶绿体趋于分解，叶绿素被破坏。叶绿素和类胡萝卜素的生物合成受阻，气孔关闭，使光合速率下降，影响作物产量。

2. 影响呼吸作用

一般盐分过多时饲草作物呼吸消耗量增多，净光合生产率降低，不利于作物生长。

3. 影响细胞膜结构

盐胁迫使细胞膜透性增大，严重时出现膜脂过氧化，损害膜脂结构，从而影响细胞膜的正常生理功能。

4. 影响蛋白质合成

盐分过多破坏了氨基酸的合成，从而抑制蛋白质合成，使蛋白质含量减少。蛋白质受盐胁迫分解形成游离氨基酸、胺、氨等，对饲草作物有毒害作用，致使叶片生长不良，抑制根系生长，组织变黑坏死等。

5. 对饲草作物产生盐害

由于盐碱地可溶性盐类过多，影响作物吸水，只有在饲草作物细胞液比土壤溶液可溶性盐类浓度高 1 倍左右时，才能源源不断地自土壤吸收水分；反之，如果土壤溶液中可溶性盐类浓度过高，就会造成饲草作物吸水困难，产生生理性脱水而萎蔫死亡，即生理性干旱现象。同时也会影响饲草作物对养分的吸收，破坏矿物质营养平衡。某些碱性盐类甚至直接腐蚀毒害饲草作物，抑制有益微生物对养分的有效转化。

6. 对饲草作物产生碱害

这主要是土壤中代换性钠离子的存在，使土壤性质恶化，影响饲草作物根系呼吸和养分吸收。碳酸钠还能破坏饲草作物体内的各种酶，影响新陈代谢，特别是对幼根和幼芽有较强的腐蚀作用。

7. 对饲草作物养分吸收产生伤害

盐碱地土壤碱性强，使钙、锰、磷、铁等营养元素固定，不易被饲草作物吸收。

8. 盐碱地饲草生产的制约因素

（1）资源配置不均衡。盐碱地所处区域的气候资源、土地资源和水资源，在时空分布上都不够均衡。以黄河三角洲盐碱地为例，水资源主要是黄河水，但目前黄河水供给总量尚不能满足该地区农业生产、湿地保护和工业、生活用水的需求。黄河三角洲农业用水占总黄河水用水量的70%以上，但仍不能充分满足盐碱地开发和农业生产的需要，发展高产饲草作物受到影响，选育耐盐碱饲草作物品种是当务之急。

（2）科技支撑能力不足。盐碱地饲草产业科技创新和高新技术的应用面临一些问题。我国盐生植物资源丰富，其中可作为饲料用的盐生植物种类很多，但是开发利用不足。1978~2018年，我国的国审牧草品种共559个，但适宜在盐碱地种植的牧草品种却不到20个。盐碱地草牧业全产业链模式缺乏。一般牧草耐盐性好于作物，但是适宜盐碱地的牧草高效栽培、轻简化生产和加工技术缺乏。

三、推广饲草生产模式

1. 打造优质饲草生产基地

在不宜粮经作物生产的中重度盐碱地，且奶牛养殖集中区域，以苜蓿等饲草作物高产种植、干草收获加工、青贮加工等关键技术为支撑，培育奶牛养殖企业、饲草生产加工企业和合作社等新型经营主体，共同打造盐碱地高效利用与改良培肥一体化的优质饲草生产利用基地。

2. 推进盐碱地种养一体化的农牧循环发展

以国内外畜牧龙头企业在黄河三角洲开展畜牧养殖大规模布局为契机，以县（区）为基本单元，重点推进种养结合和畜禽粪便等养殖业废弃物的肥田利用，改良培肥盐碱地，再种植饲草，促进畜牧业发展。

第五章 盐碱地饲草生产共性关键技术

适宜的气候、土壤条件和适宜的饲草品种，先进的饲草栽培技术，是盐碱地饲草生产获得高产和优质的保证。盐碱地大都有水源分布或旱作地带，良好的人工饲草生产条件，丰富的副产品饲料资源，是发展畜牧业生产的有利条件与物质基础。但是，在盐碱地上开展的饲草种植由于建植条件相对较差，缺乏栽培技术和经验，往往造成饲草产量低且质量不高，饲草产量差异大。

第一节 饲草生产田选建技术

只有改善盐碱地环境条件，提高种植者的田间管理水平，最大限度地满足饲草营养生长期对温度、光照、养分、水分等条件的需要，才能获得理想的饲草产量。

一、选择生产田

选择好适宜种植的饲草品种和生产田，良好的土壤结构和适中的土壤肥力对获得饲草优质高产非常重要。

选择地势开阔、通风良好、光照充足、土层深厚、肥力适中、灌排方便、杂草少、病虫危害轻的生产田，种植饲草作物。

不同的饲草品种适宜的土壤类型不同，大部分饲草品种喜中性土壤。紫花苜蓿、黄花苜蓿、白花草木樨、红豆草、截叶胡枝子等饲草品种适于钙质土；羊草、碱茅等饲草品种适于轻度盐碱土壤；须芒草、弯叶画眉草、卵叶山蚂蝗等饲草品种适于酸性土壤。饲草作物高产田最好为壤土，较黏土和砂土持水力强，利于耕作，适于饲草作物根系的生长和吸收足够的营养物质。土壤肥力要求适中，除含有足够的氮、磷、钾、硫外，还应含有硼、钼、铜和锌等微量元素。

二、生产田耕作

饲草作物播种及种子发芽出苗，必须保证有良好的苗床。对苗床精细整理，可避免杂草的侵害，提高饲草作物的出苗率、成活率，为实现高产高效饲草生产奠定基础。

1. 施基肥

在饲草作物播种前施用腐熟农家肥，配施迟效性化学肥料和少量速效肥。通常采用撒施、条施和分层施等方法。播种前将药剂施入土中，以消灭病原菌，保护幼苗。

2. 耕地

合理的土壤耕作措施，不仅能直接清除杂草，改变饲草作物种子在耕层中的分布，还可改善土壤的物理状况，调节土壤中水、肥、气、热等肥力因素，创造适合于饲草作物种子萌发和根系发育的土壤条件；增加土壤的透水性、通气性和容水量，提高土壤温度，促进土壤微生物的活动，提高土壤中有效养分含量。一般在前茬作物收获后、饲草作物播种前耕地，有秋耕、夏耕和春耕，耕深 20~40 厘米。

3. 耙地

耙地是在耕地后或对板结土壤进行的一种表土作业。深耕后特别需要对土壤进行耙深、耙细、匀耙和耙透作业，以疏松表土，平整地面，耙碎土块，混拌土肥，消灭杂草；局部轻微压实土壤，避免土层架空、坷垃过大、地表不平等现象，有利于促进土壤蓄水保墒和饲草作物种子出苗、生长。

4. 耱地

耱子用木板、铁板或柳条编制而成。耱地在耕地后或与耕地同时进行，具有平整地表、耱实土壤、破碎土块、紧实土壤的作用。一般耱地在播种前进行，可使种子播后与土壤充分接触。播种后耱地具有覆土和轻微镇压的双重效果，但潮湿的土壤不宜耱地，以免压实土壤后板结。

5. 镇压

镇压可使表土变紧实，减少气态水的扩散，有利于保墒和种子吸水萌发。有全面镇压和局部镇压两种。耕翻后立即播种，要先进行镇压，使土层下沉，有利于种子与土壤密切接触，避免耕层疏松而使种子入土过深，防止因土壤下陷而对根系造成伤害。在旱作区及干旱季节，播后镇压是抗旱耕作技术的重要环节，具有保墒和提墒效果。播种小粒饲草作物种子时，由于种子小、轻、细、碎，对播种质量要求高，过深、过浅都不利于出苗。播前和播后镇压既便于掌握播种深度，又有利于萌发和出苗。对质地黏重的土壤一般不镇压，若要镇压也不宜过重。

总之，在饲草生产的耕作措施上，应抓好耕、耙、耱和镇压等环节，在播种前对土地要进行认真细致的耕作。

三、播前种子准备与处理

建植饲草生产田，选择优质饲草作物种子是生产的关键。饲草作物种子，要求品质优良，纯净，发芽率高，发芽势好。因此，播种前必须进行去杂、精选、浸种和消毒处理。豆科饲草作物还应进行根瘤菌接种，必须打破休眠再播种。

1. 种子的品质评定

种子的品质指品种品质和播种品质，即遗传特性和质量特性。包括生产性能，适应性、抗逆性、成熟性，营养成分和品种的一致性、真实性，以及种子的净度、发芽势、发芽率、生活力、含水率、千粒重和健康状况等指标。在评定种子品质前，首先要对种子进行准确检验。

（1）品种品质：品种品质以纯度作为评定项目，品种真实一致，表明品质好。纯度指本品种种子在供试种子中所占百分比，反映了种子中混杂其他种或品种的程度，也显示了种子的真实性。品种品质的评定，是以田间和室内纯度检验结果为依据的。当两次检验结果不一致时，以纯度低的或室内检验结果为准。若田间检验种子纯度过低，达不到国家种子质量分级标准的最低指标，就应严格去杂，经检验合格后再作为种子用。若室内检验种子纯度仍低于国家种子质量分级标准的最低指标，则不能作种用。

（2）播种品质：检验内容包括杂草、病虫害、纯度、净度、千粒重、发芽率和含水率等。

①千粒重：种子粒级，通常用千粒重来衡量。千粒重指 1 000 粒自然干燥种子的质量。粒级越小的种子，胚占比就越大，所含营养物质就越少，会导致营养不良而不能顶土出苗；或可出苗，但苗弱小，因而影响饲草作物的生长发育和产量。同一品质的种子，千粒重高，播后苗齐、苗壮；反之，播后苗弱或缺苗。因此，同一品质的种子，要选用千粒重高的。

②净度：种子净度指去杂后种子所占的质量百分比。种子的净度高，表示可利用的种子多。若种子含杂质多，净度达不到国家种子质量分级标准时，可通过清选加工提高其净度。对混合有杂草的种子应销毁或转为其

他用途。

③发芽率：种子的生活力指在一定温、湿度条件下，萌发并长出健壮幼苗的能力，即种子的发芽力（发芽率）。发芽率是可萌发的种子占供试种子的百分比，与田间出苗率有关。已经过打破休眠处理，但发芽率仍很低的种子，不宜作种用；若未经过打破休眠处理，应处理后再利用发芽率判定种子的品质；还可测定种子生活力来评定种子的品质，这对测算播种的有效性能非常重要。生产中常用种用价值评定种子的有效性，种用价值指能够发芽的种子所占的质量百分比。播种材料的种用价值（%）=（净度×发芽率）/100。

④含水率：种子含水率影响其贮藏和萌发能力。种子含水率应低于当地条件下种子贮藏的安全含水量或低于饲草作物种子分级标准，一般要求豆科饲草种子含水量为10%以下，禾本科饲草作物为12%～14%。

⑤健康状况：优良种子应无病虫害感染。对感染检疫性病虫害的种子应彻底销毁，以防传播。对感染本地已有病虫害的种子，也不能作为种用。品质优良的种子应该是纯净度高，籽粒饱满匀称，生活力强，含水率低和无病虫害。一般越成熟的种子越饱满，粒级越高，千粒重也越大，发芽力和生长势也越强。纯度和净度差的种子，既降低品质，提高播种成本，又影响播种效果，严重时杂草丛生、病虫害泛滥。

2. 正确选择草种

正确选择草种是盐碱地饲草作物生产的关键措施，需用生态适宜度来计算和评价。$X=(1-(K''-K'))/(1+(K''-K'))K''$，$K'=r/0.1\theta$。$X$为生态适宜度；$K'$为引入地区的湿润度；$K''$为适生地区的湿润度；$r$为各月的降水量（毫米）；$\theta$为相关月份≥℃的积温。

3. 清选、晒种和浸种

饲草作物的种和品种确定后，应先检验播种材料。为保证出苗效果，应选择高品质的种子，或根据各种饲草作物种子的特点采取相应处理措施，将不饱满的小粒、破粒、腐粒及皮壳等除掉。

（1）清选：风选、筛选或水溶液清选种子，除掉皮壳、瘪粒及其他杂质，播后达到苗齐、苗壮，为草种高产提供良好的条件。

（2）晒种：晒种可促进种子的后熟，增强酶的活性，提高种子发芽率或打破休眠。晒种时应勤翻动，以免受热不均或灼伤，还要防潮防冻。

（3）浸种：凡是土壤潮湿或可以灌溉的地区，播种前应用温水浸种。浸种可以促使种子迅速整齐萌发，并促进种子萌发前的代谢过程，加速种皮软化。豆科饲草作物种子用温水浸泡 12~16 小时，禾本科饲草作物种子浸泡 1~2 天。种子浸泡后放置阴凉处，隔数小时翻动 1 次，过两天再翻动 1 次。若土壤干旱，则不浸种。

4. 种子的休眠及处理

（1）种子的休眠：由于种子本身的结构或生理原因，给予适宜的水分、温度和氧气条件也不发芽，需要贮藏或特殊环境刺激才能发芽，这叫做种子的休眠。豆科饲草作物种子由于种皮结构致密且具有角质层，致使种皮不透水而造成休眠的，称为硬实种子；禾本科饲草作物种子，由于种胚的不成熟造成休眠，称为后熟种子。打破种子休眠的方法有物理处理和化学处理等。

（2）物理方法包括机械处理、温度处理及射线、超声波处理。

①机械处理：豆科饲草作物硬实种子，通过擦破种子和高压处理等方法破坏种皮结构，可有效解除休眠。擦破种子可使种皮产生裂纹，水分沿裂纹进入种子，从而打破因种皮不透水气等引起的休眠。擦破种皮特别适用于小粒种子的处理。若种子用量大，可用碾米机进行处理，压碾至种皮起毛为止。还可以在豆科饲草作物种子中掺入石英砂砾，用搅拌器搅拌、震荡，以种皮表面粗糙、不压碎种子为原则。采用这种方法，可使草木樨种子发芽率由 30%~50%提高到 80%~90%，紫云英种子发芽率由 47%提高到 95%。高压处理可使种子产生裂缝，水分易进入，达到解除休眠的目

的。干燥的紫花苜蓿和白花草木樨种子在室温（18℃）下用高压处理，发芽率明显提高。有些湿生禾草如草芦、甜茅的种子，可以利用沙藏处理来提高萌发率。一般将种子埋藏于稍湿润的沙中，然后调节至1~4℃的低温或12~14℃的较高温度，种子可解除休眠。后者效果较好，可缩短处理时间。

②温度处理：利用高温，低温及变温处理，都可以解除硬实种子的休眠，并促进后熟。

低温处理：将饲草作物种子在5~10℃的条件下处理7天，发芽速度就会明显加快，发芽率也明显提高。低温处理可提高冰草属、剪股颖属、雀麦属、羊茅属、黑麦草属、羽扇豆属、苜蓿属、草木樨属、早熟禾属和野豌豆属饲草作物种子的发芽率。

高温处理：多数硬实种子经温水浸泡后可解除休眠，提高发芽率。将野生大豆种子用80℃的热水浸泡后冷却，发芽率由22%提高到85%；紫花苜蓿种子在50~60℃热水种浸泡30分钟，发芽率会大大提高。经高温干燥处理，可打破草地早熟禾种子的休眠，降低紫花苜蓿种子的硬实率，促进萌发。如111℃高温处理紫花苜蓿和红三叶种子4分钟，硬实率分别减少81%和61%。白三叶种子分别在28%、59%和98%干燥高温下处理10分钟，硬实率分别为64%、46%和12%。禾本科饲草种子，可采用晒种或加热促进后熟。将种子摊开，厚5~7厘米，在阳光下暴晒4~6天，每天翻动3~4次，阴天及夜间收回室内。加热处理以30~40℃为宜，并要注意种子的湿度。

变温处理：将种子置于低温条件下，再放置于高温条件下继续萌发，昼夜交错进行。低温条件持续16~17小时，可促进种子的萌发。

射线、超声波处理：用X射线、α射线、β射线、γ射线、红外线、紫外线、激光等处理种子，都有打破休眠、促进萌发的作用。用红外线照射已吸水膨胀的苜蓿种子10~20小时，能提高种子发芽率。紫外线照射苜蓿种子 2~10 分钟，能促进酶活化，提高种子的发芽率。用低剂量 25.8~258 兆库/千克（100/10 000 伦琴）X 射线、α 射线、β 射线、γ 射线照射种子，都有促进种子萌发的作用。低功率激光照射种子，也有提高发芽率，促进种苗生长的作用。超声波是一种高频率的波动，可使酶的活性增加，刺激种子发芽而解除休眠，尤其对豆科饲草种子和小粒萌发困难的种子有效。用 400 赫兹的超声波处理野生大豆种子 1~5 分钟，可明显提高其发芽率。

（3）化学处理：有药物处理、激素处理及气体处理。

①无机化学药物处理：有些无机酸、盐、碱等化学药物能够腐蚀种皮，改善种子的通透性，刺激种子的萌发。不同的种子，处理的药物种类、时间、浓度也不同。如果用多种药物处理，应注意各种药物处理的顺序及温度对处理效果的影响。浓硫酸常用来处理硬实种子。当年收获的二色胡枝子用98%浓硫酸处理5 分钟，发芽率可由 12%提高到 87%。当年收获的多变小冠花种子，用 95%浓硫酸处理 30 分钟，可使发芽率从 37%提高到 81%。狭叶羽扇豆用浓硫酸处理，可破坏脐缝处的栅栏细胞和腐蚀种子的纹孔，提高发芽率。用 95%浓硫酸溶液处理高冰草种子，可使发芽率从 16%提高到 87%。甜菜种子用 0.1%盐酸浸 2 小时，即使在低温、水分不足、土壤肥力不良等情况下，也能良好发芽。在酸性缓冲溶液中或 pH 0.1~1 的稀盐酸溶液中，将二次休眠的菊苣种子浸渍 1 小时，不但能打破休眠，还提高了红光和赤霉素的处理效果。0.1%硼酸处理种子可提高发芽率。多数具有休眠特性的禾本科饲草作物种子，用 0.2%硝酸钾溶液处理 7 天，可打破休眠，提高发芽率。结缕草、线叶草和异穗苔草的种子，可用氢氧化钠溶液处理。用 25%双氧水浸泡休眠或硬实种子 5~15 分钟，种皮受到适度损伤，可解除休眠。此外，溴化钾、硫酸铜、硫酸锌、钼酸钾、碘化钾、硝酸铵、硝酸钙、硝酸锰、硝酸镁、硝酸铝、亚硝酸钾、硫酸钴、硫酸氢钠、氯化钠、氯化镁等盐类，都有刺激种子解除休眠、促进萌发的

作用。

②有机化学药物处理：用二氯甲烷、硫脲、丙酮、甲醛、乙醇、对苯二酚、单宁酸、丙氨酸、苹果酸、谷氨酸等有机化合物溶液处理种子，可全部或局部取代某些种子完全生理后熟或发芽时对特殊条件的需要。如硫脲处理新采收的菊苣种子，能使其在高温下萌发，并取代对光照的需求。深度休眠的种子用硫脲处理 4 小时，再用 0.5 摩/升双氧水处理 24 小时，最后用 0.1 摩/升硫基乙醇进行 34～11℃变温处理，对打破休眠、促进发芽的效果显著。

③激素处理：赤霉素处理往往能取代某些种子完成生理后熟对低温的要求和喜光种子对光线的要求，提高发芽率。经氢氧化钠处理过的结缕草种子，发芽率为 80%，再用 160 毫克/千克赤霉素处理，发芽率可提高到 89.5%。赤霉素可解除野燕麦种子的休眠，并代替红光促进种子的萌发。细胞分裂素可解除因脱落酸抑制而造成的休眠，作用比赤霉素更为明显。在高浓度盐类培养基上促进菊苣种子萌发，通常细胞分裂素比赤霉素作用强。乙烯可刺激初次休眠的紫花苜蓿、绛三叶和二次休眠的菊苣种子萌发。外源乙烯或乙烯利对解除种子休眠效果特别明显。在用乙烯促进菊苣种子萌发时，二氧化碳浓度很重要，可增加乙烯利的活性。如在 35℃发芽时添加 12.6%或 6%二氧化碳，就会非常显著地提高乙烯利打破休眠、促进发芽的效果。

④气体处理：有些气体可解除休眠，提高种子的发芽能力。如提高氧气浓度，可解除果皮、种皮透气不良的种子休眠。紫花苜蓿的休眠种子经浓硫酸处理后，再用水渍 30 分钟并不断向水中通氧，则不必经过数月的低温处理就可以解除休眠。打破种子休眠，所需氧气浓度因植物种类而异。如菊苣种子要求 85%～95%，甜菜要求 100%。二氧化碳浓度对菊苣种子有促进萌发作用，在黑暗条件下，空气中含氧量为 20%，种子发芽率随着二氧化碳浓度的增加而增加，高浓度的二氧化碳促进种子萌发的效果

甚至比光照还显著。在缺乏二氧化碳的黑暗条件下，种子几乎不发芽。绛三叶的硬实种子，用浓硫酸处理能发芽，给予0.5%~5%二氧化碳则促进其发芽。一氧化碳、氮等作为呼吸抑制剂，也具有打破种子休眠的作用。

5. 豆科饲草作物种子的根瘤接种

在豆科饲草作物的根瘤中，有能固定大气中游离氮素的一类微生物，即根瘤菌。根瘤菌与豆科饲草作物共生可以利用游离氮源，当豆科饲草作物开花后，根瘤菌便随根瘤的解体而散落于土壤中。在豆科饲草作物播种前，将专用根瘤菌与其种子搅拌，即根瘤菌接种。这是促进豆科饲草作物生长，恢复与提高土壤肥力，增加饲草产量与提高品质必不可少的措施。

（1）根瘤菌互接种族：根瘤菌与豆科饲草作物的共生关系是非常专一的。根瘤菌有不同的种族，某一类的根瘤菌只适于接种一定的豆科饲草作物种。同一类的豆科饲草作物间可以相互接种，而在不同类别的豆科作物间则无效，这种对应的关系为互接种族。根瘤菌可分为苜蓿族、草木樨族、三叶草族、豌豆族、菜豆族、羽扇豆族、大豆族和紫云英族等8个互接种族。苜蓿族可接种于苜蓿、草木樨；三叶草族，在三叶草属内可互接；豌豆族，可在豌豆属、蚕豆属、鹰嘴豆属互接；菜豆族，菜豆属的一些种可互接；羽扇豆族，可在羽扇豆、无足豆两个属互接；大豆族，大豆属内可互接；紫云英族，黄芪属植物间可互接。上述互接种族的界限并不是绝对的。三叶草族的专一性最强，它仅限于三叶草属。苜蓿族也是一个专一性比较强的族，其中条裂苜蓿和金花菜的根瘤菌不能侵染其他种，而其他种的根瘤菌株也不能侵染这两个种。羽扇豆、大豆根瘤种族间能相互接种根瘤，豌豆与三叶草根瘤菌种子间也可相互接种。

（2）接种条件：根瘤菌接种是一种增产措施，豆科饲草作物根瘤菌固氮的效果，取决于豆科饲草作物的种类，根瘤菌种的品性，土壤类型及其利用程度，土壤酸度、湿度及气候条件等。接种首先要选择正确的根瘤菌种类及有效的根瘤菌菌系，最好是从自身豆科饲草作物植株上分离出侵染力强、固氮能力强的优良菌种或菌系；其次，必须满足它们的生活条件和具备建立共生关系的有利因素，以最大限度地发挥其共生固氮效率。

①土壤湿度：土壤含水量保持在田间最大含水量的60%~80%时，根瘤的形成好，饲草作物产量高，过湿或过干均会影响饲草作物的结瘤数量和根瘤的寿命。

②土壤的通气状况：土壤通气状况，尤其是土壤含氧量影响根瘤菌在土壤中的活动和固氮特性，以土壤含氧量15%~20%为宜。

③温度：温度对根瘤菌有很大影响，有效固氮的温度不应低于9℃。

④土壤酸度：大多数根瘤菌适于生长在中性或微酸性土壤中，适宜pH 5~8，过酸的土壤需用石灰改良后才能播种。在一定条件下，少量化合态氮能促进根瘤的形成，而且也不影响根瘤固氮的活性。当每公顷氮含量超过37.5~45千克时，则会阻碍根瘤的形成和固氮作用，因此，土壤中的无机氮含量应适中。磷、钾、钙、镁、硼、铁、钼、钒、钴等元素有利于根瘤菌侵染和固氮，土壤中应适当施用微肥，但锰、铝、锌、铜对根瘤菌有害，应降低含量。

(3) 接种方法：一般采用商品用菌剂进行接种，但自制菌剂接种也普遍应用。

①商用菌剂接种：播种前按说明规定量制成菌液，洒到种子上并充分混拌，使每粒种子都能均匀粘到菌液。种子拌好后，应立即播种。每千克种子拌5克菌剂，增加接种剂可以提高接瘤率。

②自制菌剂接种：有干瘤接种、鲜瘤接种、包衣接种。

干瘤接种：在豆科饲草作物的开花盛期，选择健壮的植株，将其根部仔细挖起来，用水洗净，再把植株地上茎叶全部切除掉。然后放在避风、阴暗、凉爽处，使其慢慢阴干。在豆科饲草作物播种前，将干根弄碎，进行拌种。一般每公顷种子需40~80株干根，用1.5~3倍干根重的清水与弄碎的干根搅混，在20~30℃的温度条件下搅拌，使其繁殖，10~15天后可用来处理种子。

鲜瘤接种：用0.25千克晒干的菜园土或河塘泥土加一杯草木灰，拌匀，盛入大碗中盖好，蒸0.5~1小时，冷却。将选好的根瘤30个或干根30株捣碎，用少量冷开水拌成菌液，与蒸过的土壤搅拌匀，放置于20~25℃条件下3~5天。每天略加冷开水翻拌，即可制成菌剂。每公顷种子用0.75千克菌剂接种。

包衣接种：将已配制好的粘合剂与根瘤菌混合，然后利用包衣机将混合液喷在需包衣的种子上，边喷边滚动搅拌，直至种子表面均匀地涂上混合液。再立即喷入细粉状的干燥剂及肥料等，迅速而平稳的混合，直到种子包衣后均匀散开。根瘤菌是微生物，怕光和化学物质，要在阴暗处拌种，立即播种和覆土。用化学药物处理过的种子拌根瘤菌时，应随拌随播；或将根瘤菌与锯末、麦麸等混合后，撒在土壤中，再播种。拌根瘤菌的种子不能与生石灰或高浓度化肥接触，但一般不伤害种子萌发的化肥浓度也不伤害根瘤菌。

6. 种子的去芒及消毒

（1）种子去芒：一些禾本科饲草作物的种子，常具有芒、稃片、颖片等，收获及脱粒时不易除掉。为了增加种子的流动性，必须预先进行去芒处理。用去芒机去芒，也可将种子铺于晒场上，厚度为5~7厘米，镇压后用筛子筛除或用风清除。

（2）种子消毒：种子消毒是预防病虫害的一种生产措施。

①筛除或盐水清选：混有苜蓿菌核病和苜蓿子蜂卵的种子，可用1∶10的食盐水淘除或用1∶4的过磷酸钙淘除。麦角病核可用1∶5的盐水淘除。

②药物浸种：石灰水、福尔马林等都是常用的浸种药物，用1%石灰水浸种，可有效防除豆科饲草作物的叶斑病，禾本科饲草作物的根腐病、赤霉病、秆黑穗病、散黑穗病。苜蓿的轮纹病可用50倍福尔马林液浸种

防除。

③药粉拌种：菲酮是常用的灭菌粉剂，拌种可防治病害。按种量的6.5%、0.5%~0.8%和0.3%加入菲酮，可分别防治苜蓿等豆科饲草作物的轮纹病、三叶草的花霉病及禾本科饲草作物的秆黑穗病；按种子质量0.3%~0.4%加入福美双，可防治各种饲草作物的散黑穗病；防治苏丹草、甜高粱的黑穗，用50%可湿性萎锈灵拌种，药量为种子质量的0.7%；或用20%肿37拌种，药量为种子质量的0.5%。

④温水或温冷浸种：防治豆科饲草作物的叶斑病、红豆草的黑腐病，可用50℃温水浸种10分钟。防治禾本科饲草作物的散黑穗病，可在播种前用44~46℃的温水浸种3小时；或先在冷水中浸种4~6小时，再在50~52℃温水中浸种2~5分钟，然后迅速放入冷水中冷却，取出晾干后即可播种。

7. 包衣种子

将根瘤菌、肥料、杀菌剂、杀虫剂等，利用粘合剂、干燥剂等涂粘在种子表面，制成丸状或球状，称为包衣种子。经包衣处理的饲草作物种子，播后能在土壤中建立一个适于萌发的环境。包衣过程可使禾本科饲草作物种子的芒和毛脱落，有利于均匀播种。利用包衣技术，也可把肥料、杀菌剂、杀虫剂等与种子丸衣化。豆科饲草作物也可包衣接种根瘤菌，有效提高固氮效率。制作包衣种子的粘合剂常用阿拉伯树胶、木薯粉、胶水等水溶性材料，干燥剂可选用碳酸钙、碳酸盐岩或白云石（碳酸镁）等细粉材料。单独包衣或混合包衣均可，但要注意排斥性和相克性。如氮肥不能与根瘤菌剂混合包衣，某些能杀死根瘤菌的杀菌剂和杀虫剂也不能混合包衣。合格的包衣种子表面干燥且坚固，贮存和搬运时包衣不致脱落。包衣种子的有效剂材料不同，有效期限不同，原则上应尽早播种，并视包衣敷料的质量而重新调整播种量。

第二节　饲草作物播种技术

播种既是保证获得优质高产饲草的关键，又具有较为严格的季节性。

一、播种期

确定播种期，主要取决于气温和田间杂草的发生规律及危害程度等。饲草作物播种期视种植区域条件和饲草种类而定，有春播、夏播、夏—秋播或秋播。春播适于春季气温较稳定，水分条件好，风小而田间杂草较少的地区。一年生饲草作物实行春播，当年可以收获，注意除草。多年生饲草作物，特别是在旱作条件下可实行夏播或夏—秋播。在黄淮海地区，春季干旱、低温、风大，春播容易失败；夏季或夏秋季气温较高而稳定，降水较多，形成雨热同季的有利因素，对多年生饲草作物的萌发和生长极为有利。但杂草危害相对较重，应在播种前进行合理的土壤耕作或采取有效的除草措施。夏季气温过高，不利于一些饲草作物幼苗的生长，适宜秋播，多在9~10月。夏播、夏—秋播及秋播时，当年形成草丛或分蘖株，越冬后第二年收获饲草。

二、播种量

适量播种、合理密植，是保障禾本科饲草作物高产优质的重要措施。一般播种量取决于禾本科饲草作物的生物学特性、栽培条件、土壤条件和气候条件，及播种材料的种用价值等。禾本科饲草作物的生物学特性指对养分的吸收利用状况，株高、冠幅和根幅等因素。它们决定了禾本科饲草作物在田间的合理密度。理论播种量（千克/亩）= 田间合理密度（株/亩）×千粒重（克）÷106，很多种子因自身能力或自然条件，而不能出土或不能出苗、成株。一般饲草作物的出苗率不超过1/3，而且幼苗播种当年的成活率只有1/2。因此，为保证有足够的田间密度，要考虑一个与饲草作物种类、种子大小、栽培条件、土壤条件和气候条件相关的保苗系数。一般保苗系数为3~9，有时高达10。种子的纯净度和发芽率也影响播种量，应在播种前测定。

三、播种方法

为了获得饲草高产，一般植株高大或分蘖能力强的饲草作物单播，株行距为20厘米×40厘米或25厘米×35厘米，以达到通风、阳光充足、营养充沛的环境条件，获得较高产量。饲草高产田可采用点播、条播和撒播。多年生饲草作物最好实行条播，如窄行条播、宽行条播或方形穴播。窄行条播的行距通常为15~20厘米。宽行条播视饲草种类而异，行距有25厘米、30厘米、40厘米、50厘米或70厘米。宽行条播能最大限度利用植株的潜在分蘖，与窄行条播相比通风、透光，能有效利用土壤水分和养分，故而能增加单位面积产量。如在降水充足的地区，行距只有25~35厘米的宽行播种，苜蓿可获得高产。在同一播量下，宽行播种时饲草产量可提高15%~20%，并可延长多年生饲草作物的利用年限，也便于中耕除草、追肥等田间管理。饲草作物种子细小，覆土不宜太厚，一般小粒种子的覆土厚度以2~3厘米为宜。对于大粒豆科饲草作物如红豆草、饲草型大豆等，覆土厚度以4~6厘米为宜。播种后立即镇压，使种子与土壤紧密结合，有利于种子吸水萌发和防止吊根现象。

第三节　饲草作物田间管理技术

饲草作物的田间管理，主要是消除影响饲草生长的不利因素，为饲草繁茂生长，实现高产高效和品质优良创造条件。

一、田间杂草防除技术

杂草同饲草作物争夺水分、养分和阳光，增加病虫害，降低饲草产量和品质。饲草作物苗期生长缓慢、持续时间长，防除杂草是饲草作物生产田建植成败的关键。

1. 预防措施

预防杂草，不仅要对引进的种子严格检疫和除杂，而且要坚持使用腐熟肥料和清除灌溉水中的杂草种子。在杂草开花前清除，以杜绝杂草的传播和蔓延。合理安排播种和收获时间，合理密植，可改变田间生态环境，抑制杂草发生。

2. 化学防除

杂草的化学防除省工、高效、增产，但易造成环境污染，并对中后茬作物产生药害。掌握各类除莠剂的使用说明，如施用对象、时期、方法、剂量和安全事项等，达到高效、安全使用的目的。

(1) 萌前除莠剂的施用：萌前除莠剂，一般没有选择性，对所有植物都有毒杀作用，药效持续时间长，包括土壤处理、茎叶处理两种类型。

①土壤处理萌前除莠剂：这是一类以杂草幼苗和根部吸收为主的除莠剂，适于将粉剂除莠剂与细潮土或沙、肥料混合拌均匀后撒施或直接撒施。颗粒剂用塑料薄膜覆盖地面，将药剂制成烟雾熏蒸土壤。该方法对饲草作物比较安全，残效期也较长。为保证作用效果，应保持一定的土壤湿度，并有良好的耕作质量。属于土壤处理萌前除莠剂的有西玛阿特拉津(莠去净)、扑草净、拉索、五氨酸纳、氟乐灵、莎扑隆、除草醚、敌草胺等。出苗前施用50%杂草锁3.5千克/亩，可防除新诺顿豆、距瓣豆和大翼豆等生产田中的杂草。施用莠去净160克/亩，可杀灭臂形草和禾本科杂草及阔叶杂草。

②茎叶萌前除莠剂：主要为杂草绿色茎叶吸收的一种除莠剂，遇土壤

则被降解，只适用于将药剂以水气雾状喷洒于杂草茎叶表面上，除草效果与雾点大小、药物浓度、气温、光照有关。该除莠剂可使杂草全株死亡，不再复生。茎叶萌前除莠剂主要有草甘膦、钉草胺、西草净、盖能草等，适于灭除多年生杂草，尤其是根茎性杂草。乙草胺、果尔、百草枯、恶草灵、都尔等，仅能对杂草的解药部位起作用，主要用于防除由种子繁殖的一年生杂草。

（2）萌后除莠剂：萌后除莠剂药效持续时间短，可有选择地杀死饲草作物之外的杂草，分为豆科饲草作物地萌后除莠剂、禾本科饲草作物地萌后除莠剂。

①豆科饲草作物地萌后除莠剂：有茅草枯、对草快、灭草猛、敌草隆、草威胺、禾草克、去莠津、稳得杀、拿铺净等。该除莠剂能杀死窄叶性类杂草，包括禾本科、莎草科杂草。紫花苜蓿地连续 4 年在生长季施用塞克津 0.1 千克/亩，种子产量提高 60%。

②禾本科草地萌后除莠剂：有 2，4-D 类、二甲四氯钠盐、苯达松、巨星、三氯乙酸、阔叶散等。该除莠剂能杀死阔叶草类，包括豆科、菊科、蓼科杂草。鸡脚草地施用呋喃乳剂 100 克/亩，可防除一年生早熟禾，使产量提高 15%。苇状羊茅田施用麦畏和 2，4-D（0.02+0.03 千克/亩）可提高饲草产量 12%。

二、饲草病虫害防控技术

饲草作物在田间的生长时间比粮食作物和经济作物长，因此，饲草作物病虫害防控对保证饲草生产更为重要。

1. 病害防治技术

饲草作物在生长发育间，受不良环境条件的影响或病原微生物的侵染，其代谢受到干扰和破坏，在生理或组织结构上产生一系列病理变化，最后变为外部或内部形态异常，即饲草作物病害。饲草作物发生病害后，植株不能正常生长发育，品质变劣，抗逆性减弱，甚至会导致局部或整株死亡，影响产量和品质。

饲草作物病害防治技术主要有六项：一是利用病原微生物的盛发期和寄主感病期的不一致，提前或退后播种，避免病害发生；二是阻止新病原微生物的进入或阻止病原微生物在新的地点立足；三是铲除一个地区或病株群体上的病原微生物；四是采取保护措施，使病原微生物不能对饲草作物发生侵染；五是选育和采用抗病品种；六是对已受感染的饲草作物，使用杀菌剂治疗，减轻病害发生程度。

预防病害措施，包括植物检疫，采用抗病品种，合理耕作、布局、排灌、施肥、轮作，种子处理和土壤喷药等。饲草作物出苗后，在植株表面喷洒农药，以保护植物免受病原微生物的侵染。施药方法有喷雾和喷粉，注意药剂浓度、喷药时间和次数。喷药浓度过高会造成药害和浪费，过低则无效。喷药要及时，一般 10~15 天一次，共喷 2~3 次，雨后不喷，喷药要均匀、雾点细。使用农药时要注意安全，在贮藏、配制、使用时严格遵守操作规程和注意事项，并专人保管农药和器具。防治草地病害用的化学农药有杀菌剂和杀线虫剂两种。杀菌剂主要对真菌和细菌病害有效果，杀线虫剂对线虫有杀灭和抑制作用。杀菌剂有粉剂和颗粒剂等。

2. 虫害防治技术

除严格植物检疫外，对虫害可采用药剂防治、生物防治和物理机械防治。

（1）药剂防治：根据害虫种类和虫害发生程序，选用杀虫剂喷施。

（2）物理和机械防治：利用人工和机械的方法，或利用光、热、声、电、原子等的作用防治害虫。

①诱集和诱杀：许多害虫都有趋光性，可利用电灯或油灯作光源，灯下放水盆，滴少许油，可直接杀死害虫。黑光灯是常用害虫诱杀器具，有的在黑光灯上加了高压电网，灭虫效果很好。利用趋化性杀虫，主要是糖

醋液诱捕和谷草捆把诱捕。

②阻隔法：根据害虫的生活习性设置各种障碍，防止害虫蔓延，便于消灭。如掘挖深沟阻住蝗蝻、甜菜象鼻虫及黏虫的迁移，沟中加入毒土，可消灭害虫。此外，应用X射线、γ射线、红外线、高额电流、微波加热、紫外线及激光等技术，对害虫进行辐射、诱杀等均有一定效果。

（3）生物防治：利用各种有益生物来控制害虫种群数量的方法，主要包括以虫治虫、以菌治虫。生物防治方法安全，不污染环境，作用持久，但受气候环境和其他生物条件的影响大，防治效果不稳定。

①天敌昆虫的利用：包括捕食性天敌和寄生性天敌。捕食性天敌以害虫为食，直接取食害虫。如捕食性瓢虫取食蚜虫、蚧壳虫、粉虱和红蜘蛛等。寄生性天敌主要有寄生蜂和寄生蝇两大类群，通过产卵寄生于害虫体内，使害虫随天敌幼虫的发育而死亡。

②利用微生物防治害虫：主要利用病原微生物及其产物防治害虫。在自然界，使昆虫致病的病原微生物很多，有细菌、真菌、病毒、线虫等。将这些病原微生物进行人工培养而大量繁殖，释放到有害虫的地方，害虫死亡。目前在国内使用最广泛的是由苏云金杆菌制成的生物农药，简称Bt杀虫剂，可有效防治松毛虫等，安全无残留，并可与化学杀虫剂混用。寄生于害虫体内的真菌有白僵菌、绿僵菌等，它们在自然界分布广泛，适应性和致病力很强，可有效防治松毛虫、地方虎、蛴螬等数十种害虫。利用多角体病毒粉剂，对鳞翅目昆虫也有良好的防治效果。

③其他有益生物的作用：在自然界，除天敌昆虫和杀虫菌外，还有许多有益的鸟类、两栖类动物，对控制害虫种群数量也有很大作用。如杜鹃、啄木鸟、大山雀等，鸡鸭类，青蛙和蟾蜍等两栖动物。

三、施肥和灌溉技术

饲草作物产量，取决于水肥供应是否充足，与适时有密切关系。对饲草作物田追肥和灌溉，必须了解饲草作物地上部分的形成规律和对水肥的需要，适时适量施肥和灌溉。

1. 施肥

施肥于土壤内饲草作物根际，或对植株地上部分喷施。土壤施肥可撒施、条施、穴施和随水灌入。禾本科饲草作物喜氮，有效氮量是影响产量形成的主要因素，因此，应以施氮肥为主。禾本科饲草作物对磷、钾肥也有适当需求，应配合施用磷、钾肥。追肥和灌溉通常是结合进行的，可在饲草作物分蘖、拔节、抽穗及开花期进行。分蘖、拔节期生长茂盛，植株幼穗开始分化，需肥量最多。饲草作物在不同的生育时期对养分的需求也不一致。多年生饲草作物在夏—秋季及春季进行分蘖，为促进其侧枝的形成，施用氮、磷肥是必要的。冬性饲草作物由于前一年的枝条较快进入拔节时期，除施用氮肥外，适当增加磷肥，以促进生长。在地上部分收获后的夏—秋时期，施肥量可以适当多一些，以氮肥为主，磷、钾肥比例也要稍高些，但氮肥量不宜太多，以免影响其越冬。春性饲草作物春季施用氮肥量应高于冬性饲草作物量，春季追肥既促进春性饲草作物分蘖，又有助于分蘖枝条的生长。禾本科饲草作物在分蘖期应施氮肥为主，配合施用磷、钾肥；饲草作物进入拔节期和抽穗开花期，对水肥的需要更为迫切，是需肥量最大的时期，应完全施肥；拔节期多施氮肥，可促进生殖枝生长，形成更多的穗和小花，穗大粒多；抽穗期多施磷、钾肥和施用少量氮肥。磷肥对花器官形成，花粉、子房的正常发育有重要作用；钾肥可促进碳水化合物的形成和运转，对提高光合作用效率，促进茎秆坚韧，防止倒伏都有很重要作用。禾本科饲草作物在开花灌浆时期，要求粒大而饱满，可施用磷、钾肥和保证充足的水分，也可以追施少量氮肥，以免引起徒长。豆科饲草作物可有效利用共生的根瘤菌固氮，因此，对氮肥的需求不如禾本科饲草作物，而对磷、钾肥的需求高于禾本科饲草作物。豆科饲草作物应以磷、钾肥为主，主要在分枝期和孕蕾期施用氮肥，在现蕾开花期还需要追施少量氮肥。根外追施磷肥或钾肥，最好在拔节、抽穗及开花期，特别是在盛花期进行。饲草作物在生长发育期间，对肥料最敏感，需要最旺盛。如果这时土壤供应肥料能力出现的差额愈大，则施肥效果也愈显著。一般饲草作物在分蘖期和拔节期是对养分最敏感，抽穗期也是养分利用最大效率期，因此，追施氮、磷、钾的比例，豆科饲草作物为0∶1∶（2~3），禾本科饲草作物为（4~5）∶1∶2，并在每年冬季和早春施用农家肥，可稳定高产。

2. 灌溉

饲草作物生长期内须人工灌溉，使植株形成较多的分蘖或分枝，增加产量。灌溉还能调节土壤温度和空气湿度，防止早期干热风的危害，并能控制土壤中养分的分解和利用，确保稳定高产。饲草作物的需水量在不同的生育期有差异。每次灌水量，为该饲草作物生长阶段需水量与土壤耕层供水量的差额，或为该生长阶段耕层土壤水分蒸发量与降水量之差。一般情况下，饲草作物地每年每公顷的灌溉定额约为3 750米^3，而每次灌水量为120米^3。灌溉时期根据饲草作物的生长发育特性、气候状况和土壤条件而定。返青期视土壤墒情适时浇水。禾本科饲草作物从分蘖到开花，豆科饲草作物从孕蕾到开花，都需要大量的水分用于生长，因而为饲草作物灌溉的最大效率期。每次刈割后为促进再生，应及时灌水，灌水对盐碱地有压盐碱的作用。豆科饲草作物对灌溉的反应比禾草科饲草作物敏感，但禾本科饲草作物只有在土壤含水量接近田间持水量时才能获得高产。通常施肥后结合灌水，对提高肥效有显著作用。

盐碱地“选种适地”饲草生产关键技术

该技术是引种饲草作物，进行盐碱地适应性评价、耐盐碱性筛选和饲草生产性能测定。目前盐碱地种植和生产效果良好的饲草作物品种，以豆科和禾本科居多。

第一节　豆科饲草作物生产技术

一、紫花苜蓿

紫花苜蓿（*Medicago sativa* L.）是一种古老的栽培牧草，原产伊朗，是当今世界分布最广的栽培牧草。紫花苜蓿是世界上温带、寒温带地区种植最为广泛的豆科优良牧草，全世界栽培面积 3 000 多万公顷。公元前 129 年，张骞从西域将苜蓿引入我国，至今已有 2 000 多年的种植历史。苜蓿在我国主要分布在黄河流域及其以北的地区，地理位置在北纬 34°~43°，种植面积在 130 万公顷左右。新疆是我国苜蓿种植的主要地区之一。苜蓿是深根植物，主根入土深度可达 2~4 米，能吸收土壤深层水分。苜蓿又是一种需水较多的作物，在生长过程中需要大量水分，所以灌溉非常重要。我国北方地区，以干旱、半干旱，荒漠、半荒漠地貌为主，种植紫花苜蓿，是解决当地优质饲草缺乏，特别是蛋白质饲料缺乏的有效途径。深入研究苜蓿在这类地区的越冬性能，对于克服该地区干旱、风蚀、盐碱等自然条件对苜蓿栽培的限制，扩大苜蓿种植范围，提高其生产力，促进当地畜牧业生产发展和改善生态环境有重要意义。

1. 植物学特征

紫花苜蓿是豆科苜蓿属多年生草本，是一种重要的牧草和绿肥兼用作物。主根发达，侧根多，主根入土深 2 米以上，在较干旱的地区可达 10 米左右。茎高 30~100 厘米，直立或外倾，圆形或棱形，幼茎有疏毛，根状茎发达，根颈膨大生出的分枝一般为 15~60 个，最多可达 100 个以上。叶为三小叶，倒卵形，先端较宽，有齿。花为总状花序，腋生 8~25 朵紫色蝶形花。荚果螺旋形，2~4 圈，暗棕色，每荚有种子 4~8 粒。种子肾形、黄褐色，千粒重 1.5~1.9 克。

2. 生物学特性

紫花苜蓿适应性广，较喜温暖、多晴少雨的干燥气候条件。年降水量以 500~900 毫米最为适宜，超过 1 000 毫米时不利于生长；低于 300 毫米又无灌溉条件，则难以正常生长。耐寒性强，种子在 4~6℃即可发芽；出苗后能耐短时间的-5~-6℃低温，成年植株能耐-20~-30℃低温；在积雪覆盖下，-40℃低温亦不致受冻害。生长最适温度为 20~25℃，高温会抑制生长。紫花苜蓿需水较多，每形成 1 克干物质消耗水 446~500 克，每形成 1 克种子约消耗水 800 克。但因紫花苜蓿根系发达，有较强的抗旱能力。紫花苜蓿最忌渍水，生长期淹水 24~28 小时即大量死亡。

3. 饲用价值

紫花苜蓿富营养，适口性好，易于消化，以“牧草之王”著称。初花到盛花期鲜草含水分 76%左右，粗蛋白 4.5%~5.9%，粗脂肪 0.8%，粗纤维 6.8%~7.8%，无氮浸出物 9.3%~9.6%，灰分 2.2%~2.3%，并含有多种氨基酸。紫花苜蓿地可以直接放牧，但青茎、叶中含皂素，要防止牲畜采食过多发生膨胀病，也可制成青贮饲料或干草。从现蕾到初花期，10%左右茎枝开第一朵花时刈割的第1茬鲜草，质较嫩，营养价值较高。过早刈割产量低，迟割则茎木质化增加，且易掉叶。最后一茬宜在当地重霜前约1个月刈割。每次要留茬3~5厘米高，以免刈伤根颈，每年最后一次割草时要留茬8~10厘米高。北方干旱地区冬前割后培土，有利翌年再生。紫花苜蓿根量多，入土深，固氮能力强，2~4年生的植株每公顷每年可固氮150~450千克。根系腐烂后可增加土壤有机质，改善物理性状，提高土壤肥力。北方低产地区实行粮食作物与紫花苜蓿轮作，有利于提高粮食产量。紫花苜蓿鲜草含氮0.54%~0.57%，磷0.10%~0.14%，氧化钾0.31%~0.46%，翻压作绿肥，肥效显著。紫花苜蓿枝叶繁茂，覆盖地面能减少蒸发、保蓄水分，减轻地表冲刷，是重要的水土保持作物。如中国西北地区种紫花苜蓿的地块，雨水流失量仅为种其他作物时的1/16，土壤冲刷量仅为1/9。在年降水量346毫米的地区，每公顷紫花苜蓿地每年土壤冲刷量为93千克，而其他田块或休闲地的冲刷量可高达3 600~6 750千克。

4. 栽培技术

播种前要进行整地保墒。我国北方一般采取冬播“寄子”（将种子播入土中，待翌春后及早出苗）或早春顶凌播种，以利抗旱保苗。我国东北、西北和内蒙古等地秋播不能晚于8月上旬；华北一带应在9月以前。晚播则根系发育不良，影响越冬。发芽率高的纯净种子，每亩播量1千克左右，与其他作物混播时可适当减少播量。条播行距一般15~30厘米，播种深度1.5~2厘米。幼苗生长缓慢，要加强管理，防止杂草危害。刈草后要及时追施肥料，特别是磷、钾肥。留种栽培应选择地势较高、排水良好的地块，每亩播种量为0.5~0.8千克，行距40~60厘米，增施磷、钾肥。放蜂或人工辅助授粉可提高种子产量。

5. 常见病害

常见病害有苜蓿锈病、苜蓿褐斑病、苜蓿霜霉病、苜蓿白粉病、苜蓿黄斑病、苜蓿春季黑茎病和叶斑病、苜蓿匍柄霉叶斑病、苜蓿尾孢叶斑病、苜蓿小光壳叶斑病、苜蓿壳针孢叶斑病、苜蓿白斑病、苜蓿花叶病等。常见虫害有苜蓿叶象虫、苜蓿蚜虫、蛴螬、盲蝽类、小地老虎、大地老虎、麦秆蝇、黏虫、蝗虫等。

二、红豆草

红豆草又称驴喜豆、驴豆，是豆科驴豆属多年生草本植物。红豆草为牧草和绿肥兼用作物。其产量高，适口性好，易于栽培管理，富含丰富的营养物质，是各种家畜喜食的优质牧草。寿命一般 3~7 年，适于干旱地区栽培。本属 130 余种，大多野生。栽培最多的为普通红豆草，还有高加索红豆草。

1. 地理分布

普通红豆草原产欧洲，主要分布于欧洲和非洲北部，以及亚洲温暖地区；高加索红豆草原产前苏联，中国新疆天山北坡有野生种。20 世纪 50 年代引进中国的普通红豆草，主要在西北和华北地区种植。

2. 植物学特征

红豆草为深根牧草，根粗可达 4~5 厘米，入土深达 4~5 米，在疏松土壤中可深达 15 米；根颈入土深，侧根甚多且发达，集中于 0~60 厘米深土层内；根系有利用难容性钾和磷化物的能力，有大量根瘤。茎直立、粗大，株高 50~120 厘米，圆柱形，嫩绿中空，粗约 0.7 厘米；茎有节间，分5~7 节，上平铺白色茸毛；在根颈上多有茎分枝，也有从茎上叶腋处分枝条；再生草的茎有铺展性。奇数羽复叶，有小叶 6~19 片，总叶柄长 10~25 厘米，小叶长圆形，上面光滑，下面平铺茸毛；全缘；托叶尖锐三角形，上有白茸毛。开花前多为基生叶，花期有 35~40 个复叶。总状花序，似穗，长 7~30 厘米，自叶腋长出花序，总状花柄呈棱角形，有茸毛；含小花 40~70 个，花冠粉红或近红白色，极为美丽；旗瓣特长，为 0.8~7.2 厘米，翼瓣退化极小；花轴上纵列小花四排，花蕾期小花均密集似穗状，以后花轴伸长。荚果及种子较大，肾脏形或卵圆形，脐凹；荚黄褐色，具网状纹不裂开，边缘有锯齿 5~6 个，似鸡冠；每荚有一粒种子，带荚千粒重 16~20 克。

3. 生物学特性

红豆草喜欢干燥温暖的气候条件，抗旱性强，有一定的耐寒性，且耐瘠薄，但不耐水淹。能在砂质石灰性土壤和砂砾土生长，适于 pH 6.0~7.5 的土壤。温暖地区以秋播为主，寒冷地区可春播或夏播。红豆草可青饲、青贮、调制干草或放牧，是家畜喜食的优质饲草。家畜食后不易发生膨胀病，为其他豆科牧草所不及。在年降水量 200 毫米左右地区即可种植。对土壤要求不严，最适合在富含石灰质土壤上种植，不宜在酸性土、黏土和地下水位高的土壤中种植。不耐湿，湿度太大易得病。在干燥瘠薄的土地，红豆草比苜蓿和红三叶都长得好，而在肥沃黏湿的土地上，红豆草长得比红三叶差。

4. 饲用价值

红豆草不论是青草还是青干草，都是家畜的优质饲草。红豆草产草量高，亩产鲜草 5 000 千克。红豆草营养丰富，干草中粗蛋白质含量 11.46%，还含有丰富的维生素和矿物质，适口性好，各种家畜均喜食。青饲或调制干草皆可，也可用鲜草打浆喂猪。红豆草在各生育阶段均含有很高的浓缩单宁，家畜食用后不易得膨胀病，这也是它的优点之一。

5. 栽培技术

（1）播种期：红豆草可春播、夏播和秋播。

（2）播种方法：播前要精细整地。清除田间杂草，保持田间清洁，使土地细碎平整。秋耕宜深，春耕宜浅。按 3~4 千克/亩（带荚）播种，撒播和条播均可。条播行距30~40厘米，播深3~4厘米。红豆草除单播外，还可与披碱草、紫花苜蓿等混播。

（3）田间管理及利用：施用磷、钾肥可促进其生长，以有机肥作基肥，苗期施氮肥，酸性土壤应施石灰。红豆草作青饲利用宜在现蕾期到始花期刈割，调制干草在盛花期刈割，留茬高度为5~7厘米，以利再生。

6. 常见病虫害

（1）常见病害：红豆草轮枝孢萎病、红豆草匍柄霉污斑病、红豆草镰孢根腐病及冠腐病、红豆草核盘菌茎基腐病、红豆草黑斑病、红豆草柱隔孢褐斑病、红豆草壳二孢轮纹病、红豆草黑腐病、红豆草锈病、红豆草白粉病、红豆草灰霉病。

（2）常见虫害：草原毛虫类、盲蝽类、蛴螬、苜蓿夜蛾、小麦皮蓟马、叶蝉类。

三、草木樨

草木樨，俗名野苜蓿，为豆科直立型、一二年生草本植物，有白花和黄花两品种。草木樨的耐旱能力很强，当土壤含水率为9%时即可发芽，耐寒、耐瘠性也强，也有一定的耐盐能力，对土壤要求不严格。

1. 植物学特征

草木樨主根深达2米以下。茎直立，多分枝，高50~120厘米，最高可达2米以上。羽状三出复叶，小叶椭圆形或倒披针形，长1~1.5厘米，宽3~6毫米，先端钝，基部楔形，叶缘有疏齿，托叶条形。总状花序腋生或顶生，长而纤细；花小，长3~4毫米；花萼钟状，具5齿；花冠蝶形，黄色，旗瓣长于翼瓣。荚果卵形或近球形，长约3.5毫米，成熟时近黑色，具网纹，含种子1粒。

2. 生物学特性

草木樨喜欢生长于温暖而湿润的沙地、山坡、草原、滩涂，以及农区的田埂、路旁和弃耕地。一年生草木樨，当年即可开花结实，完成其生命周期；二年生草木樨，当年仅能处于营养期，翌年才能开花结实，完成其生命周期。二年生草木樨的返青期，一般在温带地区为4月中旬至5月中旬，在亚热带地区为3月底至4月初。返青时日均温为5~10℃。开花期，在温带地区为6月初至7月初，在亚热带地区为5月中旬至7月底。结实期，在温带为7月中旬至8月底，生育期98~118天；亚热带为8月初至9月中旬，生育期长达183~230天。草木樨为直根系，根颈部芽点不多，分枝能力有限，而大量的芽点分布于茎枝叶腋，所以，放牧或刈割时，留茬以15厘米为好，每年可刈割2~3次。草木樨主要靠种子繁殖。在野生条件下产种量较高，自然繁殖能力比较强。细小的种子（或荚果）主要靠自播和风力传播，50%硬实在土壤中越冬，翌年腐烂种皮后，萌芽出土。如果进行人工播种，必须擦破种皮，以提高发芽率和出苗效果。草木樨生态分布区域广，从寒温带到南亚热带，从海滨贫瘠的沙滩，到海拔3 700米的高寒草原，都有分布。它适应的降水范围为300~1 700毫米；对土壤的要求不严格，从沙土到黏性土，从碱性土到酸性土，都能很好地适应，适应pH为4.5~9；在冬季绝对最低温-40℃和夏季最高温41℃的情况下，都能顺利度过。因此，它的耐寒、耐旱、耐高温、耐酸碱和耐土壤贫瘠的性能都很强。

3. 栽培技术

草木樨性喜阳光，最适于在湿润肥沃的沙壤土中生长。草木樨种子小，顶土力弱，整地要求精细平整，才能保证出苗快、出苗齐。若适当施有机肥，可提高产量。如每亩施20千克磷肥，效果会更好。在3月中旬到4月初春播，秋播时墒情好、杂草少，有利出苗和实生苗的生长。冬季寄籽播种较好，既可省去磨皮处理，又不争劳力。翌年春季苗全苗齐，且与杂草的竞争力强，可保证当年的稳产高产。草木樨种子细小，应浅播，以1.5~2厘米深为宜，可条播、穴播和撒播。条播行距以20~30厘米为宜，穴播以株行距 26 厘米为宜。条播每亩播种量为 0.75 千克，穴播为 0.5 千克，撒播为 1 千克。用 4~5 倍种子体积的沙土与种子拌匀后播种。在苗高 13~17 厘米时，结合中耕除草和追肥进行匀苗。当 70%种荚由绿变为黄褐色，即可收获种子。

4. 收获利用技术

草木樨开花前茎叶幼嫩柔软，马、牛、羊、兔均喜食，切碎打浆喂猪效果也很好。它既可青饲，青贮，又可晒制干草，制成草粉。从草木樨营养成分看，总能、消化能、代谢能和可消化蛋白质在豆科牧草中也是比较高的。开花后，植株渐变粗老，且含有 0.5%~1.5%香豆素，带苦味，适口性降低，但加工调制成干草或青贮，可使香豆素气味减少，各种家畜习惯后仍喜食。草木樨籽的粗蛋白质含量高达 31.2%，是一种良好的蛋白质饲料来源。草木樨营养价值高，含有多种矿质营养元素，对于增加牲畜的营养和土壤肥力都是非常重要的。

四、沙打旺

沙打旺又名直立黄芪、麻豆秧等，是豆科黄芪属多年生草本植物。沙打旺是可用于改良荒山和固沙的优良牧草，也可用作绿肥。

1. 植物学特征

主根长而弯曲，侧根发达，细根较少。主根粗壮，入土深 2~4 米，根系范围可达 1.5~4 米，着生大量根瘤。植株高 2 米左右，丛生，主茎不明显，由基部生出多个分枝，茎圆形、中空。一年生植株主茎明显，有数个到十几个分枝，间有二级分枝；二年生以上植株主茎不明显，一级分枝由基部分出，丛生，每丛有数个到数十个二级或三级分枝。子叶出土，长椭圆形或卵圆形，第 1、2 片真叶为单叶，第 3、4 片真叶为单叶或复叶，从第 5 片起为奇数羽状复叶，小叶 7~25 片，长卵形。总状花序，花序长圆柱形或穗形，着花 17~79 朵，紫红色或蓝色，萼筒状 5 裂；花翼瓣和龙骨瓣短于旗瓣。荚果三棱柱形，荚皮近膜质，被毛黑、褐、白色。荚有种子 9~11 粒，种子黑褐色、肾形，千粒重 1.5~1.8 克。

2. 生物学特性

沙打旺发芽要求土壤水分不低于 11%，最好在 15%~20%，土壤温度 10℃以上。雨季温度水分条件适宜，播后 2~3 天即可发芽，5~7 天出苗。幼苗期间生长缓慢，有“蹲苗”习性，但根系伸长很快。蹲苗过后，地上部分生长逐渐加快。二年生以上植株，春季返青后生长速度较快，经过 90~110 天的营养生长后转入生殖生长。沙打旺的营养生长时间较长，在无霜期较短的地区一般当年不能开花结籽。二年生以上的植株一般在 7~8 月份现蕾，种子成熟需 25~35 天。一般沙打旺可生长 4~5 年，干旱地区可达 10 年以上。沙打旺具有抗旱、抗寒、抗风沙、耐瘠薄等特性，且较耐盐碱，但不耐涝。沙打旺的越冬芽可以忍耐-30℃的地表低温，当连续 7 天日平均气温达 4.9℃时越冬芽即开始萌动。种子发芽的下限温度为 10℃左右。茎叶可抵御的最低温度为-6~-10℃。沙打旺的根系深，叶片小，全株被毛，具有明显的旱生结构，在年降水量 350 毫米以上的地区均能正常生长。

3. 栽培技术

沙打旺没有固定的播种期，从早春到初秋均可，主要根据当地的条件和利用方式确定，但不能迟于初秋，否则难以越冬。北方地区还可以利用冬前寄籽，即在平均地温 3℃左右，早晚地表微冻，日出后又融化时播种。翌年春季适时镇压，可获得较好的出苗效果。结合播种以磷肥作基肥，每亩施过磷酸钙 10~30 千克，可显著提高鲜草产量。

（1）播种：从早春到初冬均可播种，春天宜顶凌播种，冬前寄籽比顶凌播种出苗早。沙害严重地区宜在风沙过后播种。夏末秋初的播种期为出苗后 1 个月为限。一般穴播每公顷播种量为 3.75 千克，条播为 7.5 千克，散播为 11.2 千克，飞机撒播为 2.25 千克。播种后覆土厚 1~2 厘米，在干旱风沙大的地区常采用“垄上深播后耢土”法，即将种子播到湿土层，覆土厚8~10厘米。

（2）管理：适宜补充钙、磷、钼、硼等营养元素，在雨季前叶面喷施钼酸铵或硼砂，及时除草，防治病虫害和排除积水。

（3）留种：沙打旺的花期较长，荚果成熟不一，成熟荚易自然开裂，应注意分期及时采荚收种。

4. 收获利用技术

沙打旺作饲料的营养价值较高，可直接作马、牛、羊、骆驼、猪、兔子等的青饲料，适口性较差，也可制成青贮、干草和发酵饲料。直接喂饲可在天然草场和人工草场放牧，也可割草喂饲。沙打旺可直接压青作基肥，异地压青作追肥，或以其秸秆制作堆肥、沤肥。

五、田菁

田菁是豆科田菁属一年生草本植物。田菁鲜草产量高，营养成分含量丰富，耐盐性较强，是改良盐碱土的先锋作物。

1. 植物学特征

株高3~3.5米。茎绿色，有时带褐色、红色，微被白粉，有不明显淡绿色线纹，平滑。茎基部有多数不定根，幼枝疏被白色绢毛，后秃净，折断有白色黏液，枝髓粗大充实。羽状复叶，叶轴长15~25厘米，具沟槽，幼时疏被绢毛，后无毛。托叶披针形，早落。小叶20~30对，对生或近对生，线状长圆形，长8~20毫米，宽2.5~4毫米。位于叶轴两端者较短小，先端钝至截平，具小尖头，基部圆形，两侧不对称，上面无毛，下面幼时疏被绢毛，后秃净，两面被紫色小腺点，下面尤密。小叶柄长约1毫米，疏被毛。小托叶钻形，短于或几等于小叶柄，宿存。总状花序长3~10厘米，具2~6朵花，疏松；总花梗及花梗纤细，下垂，疏被绢毛；苞片线状披针形，小苞片2枚，均早落；花萼斜钟状，长3~4毫米，无毛，萼齿短三角形，先端锐齿，各齿间常有 1~3 腺状附属物，内面边缘具白色细长曲柔毛。花冠黄色，旗瓣横椭圆形至近圆形，长 9~10 毫米，先端微凹至圆形，基部近圆形，外面散生大小不等的紫黑点和线，胼胝体小，梨形，瓣柄长约 2 毫米；翼瓣倒卵状长圆形，与旗瓣近等长，宽约 3.5 毫米，基部具短耳，中部具较深色的斑块，并横向皱折；龙骨瓣较翼瓣短，三角状阔卵形，长宽近相等，先端圆钝，平三角形，瓣柄长约 4.5 毫米。雄蕊二体，对旗瓣的 1 枚分离，花药卵形至长圆形；雌蕊无毛，柱头顶生。荚果细长，长圆柱形，长 12~22 厘米，宽 2.5~3.5 毫米，微弯，具黑褐色斑纹；喙尖，长 5~7 毫米；果颈长约 5 毫米，开裂；种子间具横隔，有种子 20~35 粒。种子绿褐色，有光泽，短圆柱状，长约 4 毫米，直径 2~3 毫米，种脐圆形，稍偏于一端。花果期 7~12 月。

田菁茎秆直立，根系发达，富集深层土壤养分及活化土壤难溶性养分的能力强、结瘤多，固氮能力强。田菁受淹后茎部能形成通气的海绵组织，并长出许多水生根，正常结瘤和固氮。

2. 生物学特性

田菁适应性强，耐盐、耐涝、耐瘠、耐旱、抗风、抗病虫害。在含盐量 0.3%的盐土或 pH 为 9.5 的碱土中都能生长。田菁性喜温暖、湿润，春播土温达 15℃时发芽，但出苗和苗期生长缓慢。夏播只要水分充足，出苗快且整齐。苗期 50 天左右，生长迅速，鲜草产量高。

3. 栽培技术

（1）播种：田菁种子皮厚，表面有蜡质，吸水困难。播前须用 60℃温水浸种或拌砂擦种。田菁播期较长，3~6 月均可播种，具体播期根据种植方式而定。一般情况下留种地宜春播，作春绿肥用可夏播。间套作时需根据本田作物生长、收获时间确定播期。绿肥田播种量每公顷 60~75 千克，留种地播种量每公顷 15~22.5 千克，盐碱地适当加大播种量。

（2）施肥：田菁固氮能力强，对氮素要求不严格，对磷素反映却十分敏感。施用磷肥不仅能增加田菁鲜草产量，而且能提高体内氮磷含量。留种田施用过磷酸钙，可使成熟荚数增加，产种量提高。

（3）留种：田菁属无限花序植物，花序自下而上、自里向外开放。种子成熟时间不一，易造成熟荚炸裂，而青荚正在形成。为了保证花期相对集中、种子成熟一致，常采用打顶和打边心措施，控制养分无效消耗，提高产种量。当70%荚果变黄时即可收获。

（4）种植方式：田菁改良盐碱地时多单播，也可与玉米、棉花间种，麦后复种、早稻田套复种以及晚稻秧田套种等。

4. 收获利用技术

田菁含有丰富的氮、磷、钾和微量元素，其养分含量随生育期和部位的不同存在差异，茎、叶可作绿肥及牲畜饲料。苗期植株鲜嫩、干物质少。花期以后，干物质大量积累，产草量增加，养分总含量高于苗期。叶片中氮、磷含量较高，茎中钾含量高。干叶片中含氮量为4.03%，P_2O_5为1.00%，K_2O为0.85%。茎秆中氮含量为1.16%，P_2O_5为0.16%，K_2O为1.42%。田菁种子含粗蛋白质32.9%、灰分0.71%、脂肪0.94%、含氮物2.3%、糖9.76%、木质素16.3%，并含有皂角苷。

种植田菁除可改良盐碱土外，还可用作肥料，直接翻耕，也可利用其秸秆与畜粪尿堆沤后施用，作基肥或追肥。在鲜草产量和养分总含量最高时进行翻压，且翻压时间不影响后作播种及幼苗生长。但是，不同地区因气候条件、种植方式不同，翻压时间亦有差异。稻田翻压时因气温高，在嫌气条件下分解易产生还原性物质，使秧苗受害。因此，必须提前翻压，使后作种子发芽或幼苗生长尽量避开还原性物质的危害。翻压量以每公顷7.5~15吨为宜。茎秆要切断铡碎，完全埋入土层深15~25厘米，使土壤和茎秆紧密结合，防止跑墒。华北地区旱地田菁翻压后，1个月青体消失率达50%左右，200天达70%。在分解过程中硝态氮释放出现两次高峰，即翻压后的30天和200天。翻压田菁后土壤水稳性团聚体总量增加，土壤容重降低，孔隙度增加，能抑制土壤返盐。

第二节　禾本科饲草作物生产技术

一、饲用甜高粱

饲用甜高粱是一年生禾本科高粱属的草本植物。饲用甜高粱不仅能收籽粒，而且茎秆和叶片都可作饲用。甜高粱鲜草产量高，可达青贮玉米的1.2~2.0倍，还具有抗旱、耐涝、耐盐碱、易栽培、方便利用、适应性广等优点。

1. 主要特性

（1）根系发达：饲用甜高粱是纤维状须根，没有主次根之分。根据根系发生时间和着生位置不同，可分为初生根、次生根和支持根三类。

①初生根：初生根又叫种子根或临时根。初生根的主要作用是供给种子发芽和幼苗生长所需要的养分和水分。

②次生根：次生根着生在初生根上部，可吸收养分和水分。次生根能很快长出大量根毛，从土壤中吸收水分和养分，供植株生长发育所需。次生根的生长是围绕着近地下的茎节向四周伸展。随着高粱的生长，小根上又长出许多根群，多集中在20~30厘米深土层内，这是高粱比一般作物抗旱能力强的主要原因之一。

③支持根：甜高粱在拔节后、抽穗前，在茎基部1~3节或4~5节处生有轮环状根系。根系有向地性，抗倒伏，支持植株生长，成为支持根。由于根系生长在地面以上，伸入土中，所以也叫气生根或地上根。

根主要有吸收、输导、支持等生理和机械功能。根系的生长发育与环境条件有着密切关系。土壤肥沃、结构性好，有利于根系发育，根量大；土壤贫瘠、板结，则根系短小，发育不良。土壤过湿、透气性差，根系则分布在表土层，不利于吸收深层养分。水分越多，根系发育越弱，入土越浅，容易倒伏。土壤水分不足时，根系就向深处有水分土层生长，但如果土壤干旱、水分缺乏，根系同样得不到良好发育。

（2）茎秆直立且含糖量高：饲用甜高粱的茎是直立的，呈圆筒形，表面光滑，通常高度为3米，株高相对稳定。甜高粱一般有10~20茎节，节间的侧面有一条小纵沟，其茎部有一枚腋芽，腋芽通常为休眠状态。如土壤肥沃、水分充足或主茎遭受损伤时，腋芽即可发育成分枝。通常腋芽不能结实或成熟很晚，并且会消耗一定的养分和水分，影响主茎生育，一般应将其除掉。茎基部上长出的分枝为分蘖，生长发育较快并能抽穗结实，但成熟较晚。一般可除去分蘖以保证主茎的正常生长，但在较稀的地块也可适当留下分蘖，以保证产量。

饲用甜高粱重要的价值在于茎秆中含有较多的糖分，因品种不同，茎秆含糖量为15%~23%，又可分为糖型甜高粱和糖浆型甜高粱。糖型甜高粱主要含蔗糖，可以生产结晶糖；以含葡萄糖和果糖为主的糖浆型甜高粱，则以生产糖浆为主，甜高粱茎秆富含糖分，适口性好，成熟后不易晒干，所以牲畜喜食，是良好的青贮饲料。

2. 种植技术

（1）选地：选择优质土壤可以明显提高产量，沙壤土、盐碱地、瘠薄地要注意增施肥和浇水，透气性差、温度低和积水的低洼地块不宜种植。

（2）整地：在黄淮海地区提倡深翻、整平耙细，在春季整地和播种同时进行。整地和前每亩施农家肥1 000~1 500千克。

（3）播种期：宜在早春到夏末播种，以早春播种产量最高。播种时要求地温最低15℃。黏土地播种深度为2~3厘米，沙土地播种深度为5厘米。一般春播在4月下旬，夏播在6月中旬。

（4）播种量：以每公顷30万株为宜，每亩播种量1.5~2千克，土壤墒情及整地质量较差地块每亩播种量适当提高。用来调制干草或作青贮时应加大播种量，以降低茎秆直径，提高叶茎比。

（5）播种方式：按 60~70 厘米间距大垄栽培，也可以采用穴播。穴播间距为 20 厘米×20 厘米，覆土厚度为 2~4 厘米。

3. 田间管理

虽然饲用甜高粱耐瘠薄，但要供给充足的水分和养分才能获得高产。播种前每亩地施尿素 8 千克、磷酸二铵 10 千克、氯化钾 8 千克，播种时施用氮肥和磷肥。饲用甜高粱苗期长势较慢，要及时除草，可以使用阿特拉津除草剂。

4. 饲用甜高粱的收获利用

（1）收割：饲用甜高粱可多次收割且越割越密，株高 1.2~1.5 米时可进行第一茬收割，促进下一茬分蘖，改善质量。当株高达 3 米以上时，茎秆纤维含量高，影响植株整体质量。每次刈割的留茬高度为 10~15 厘米，留茬过低根部脱水快，容易枯死。阴雨天不要收割，以防烂根。

（2）利用：饲用高粱的生长速度很快，质量变化也很快。刈割或放牧后留 15~20 厘米高茬，最有利于再生。一般植株高度在 1~1.5 米，就可刈割青饲。制作青贮饲料，株高以 2.5~3.0 米为宜。饲用高粱的青绿茎叶是猪、牛、马、羊的优良粗饲料，青饲、青贮或调制干草均可。若要生产高质量的干草，应在高粱抽穗前进行收割，蛋白质含量比苜蓿干草稍低一些，但能量含量与高质量的苜蓿干草一样。收割太晚，草质明显下降。制作青贮时，应在饲用高粱的半乳熟期进行刈割，此时草质比较高，水分含量也降到了适宜青贮的水平。

二、苏丹草

1. 地理分布

苏丹草原产于非洲的苏丹高原，在欧洲、北美洲及亚洲大陆栽培广泛，我国南北各省均有较大的栽培面积。

2. 植物学特征

苏丹草是禾本科高粱属一年生草本植物。须根，根系发达、入土深达2.5米。茎直立，呈圆柱状，高2~3米，粗0.8~2.0厘米。分蘖能力强，侧枝多，一般每株15~25个，最多40~100个。叶7~8片，宽线形，长60厘米，宽4厘米，色深绿，表面光滑；叶鞘稍长，全包茎，无叶耳。圆锥花序，较松散，分枝细长，每节着生两枚小穗。一无柄，为两性花，能结实；一有柄，为雄性花，不结实。结实小穗颖厚有光泽。颖果扁卵形，籽粒全被内外稃包被，种子有黄、紫、黑色，千粒重10~15克。

3. 生物学特性

苏丹草喜温暖，不耐寒，种子发芽最低温度8℃，最适温度为20~25℃。幼苗遇低于3℃的温度即受冻害或完全冻死，成株在低于12℃时生长变慢。根系强大，入土很深，能利用土壤深层的水分和营养。抗旱能力极强，在降水量仅250毫米的地区种植仍可获得较高产量。多年的栽培试验和小面积的推广种植证明，苏丹草是耐旱、产高、质优、适宜在气候温暖、干旱地区种植的一年生优良牧草。对土壤要求不严格，不宜在沼泽土和流沙地种植。对水肥反应良好，要获高产，必须保证施肥灌水。对其后作，也要多施肥料保证丰产。苏丹草宜在晚霜后播种，生育期100~120天。进入分蘖期后不断分蘖，生长速度加快，一昼夜能生长5~10厘米。这期间施肥灌水可获高产。在管理粗放时，每亩产青草1 250千克，收获种子50多千克。在水肥条件好时，一年割草两次，亩产青草3 500千克，收获种子100多千克。

4. 饲用价值

苏丹草抗旱能力强，适应性广。分蘖期长，分蘖数量多，生长迅速，再生能力好，一年可刈割2~3次。苏丹草产量高且稳定，草质好、营养丰富，蛋白质含量居一年生禾本科牧草之首。用于调制干草、青贮、青饲或放牧，马、牛、羊喜食，也是养鱼的好饲料。苏丹草作为夏季利用的青饲料最有价值。中夏生产鲜草最多，可作为乳牛的青饲料，苏丹草的茎叶比玉米、高粱柔软，晒制干草也比较容易。每年刈割 2~3 次，留茬高度 7~8 厘米，可生产鲜草 8 000~10 000 千克，喂肉牛的效果与喂苜蓿、高粱干草无大差别，羊、鱼、猪也喜食。

5. 栽培技术

苏丹草根系发达，植株生长旺盛，需要从土壤中吸取大量的营养，因而整地要求深翻，每亩施用有机肥 1 500~2 000 千克。在晚霜过后地表温度达 12~14℃时，即可开始播种。为保证长夏绿饲草持续生长，可每隔 20~25 天播种一次。苏丹草种子田间发芽率低，收草田每亩播种量 2.5~3.0 千克，收种田可减半。宜条播，收草行距 30~40 厘米，收种行距 50 厘米。一般覆土深度 4~5 厘米，土壤墒情差时可覆土厚 6 厘米。苗期易受杂草危害，要注意中耕除草。每次刈割后，都应灌溉和追施速效氮肥。青饲或青贮以孕穗至乳熟期刈割为宜，调制干草以抽穗期刈割为宜。刈割留茬 6~10 厘米，以利再生，在主茎的种子成熟时采收。如果等到分枝上的种子成熟才采收，则主茎上价值高的种子早已脱落。种子成熟时穗色变黄而干燥，种粒有光泽，压之有硬感。苏丹草幼苗期含氰氢酸较高，随生长而减少。宜在株高 50~60 厘米时刈割，稍加晾晒再饲喂，避免牲畜中毒。虽然苏丹草种子的蛋白质含量高，却含有单宁，具收敛作用，不宜作精料；但与其他谷实等量混合，仍可饲用。

6. 常见病虫害

（1）常见病害：禾草壳二孢叶斑病、禾草炭疽病、苏丹草叶点霉病、禾草黄矮病毒病。

（2）常见虫害：亚洲飞蝗、宽须蚁蝗、小翅雏蝗、狭翅雏蝗、西伯利亚蝗、草原毛虫类、黏虫、麦长管蚜、麦二叉蚜、禾缢管蚜、意大利蝗、无网长管蚜、蛴螬、蝼蛄类、金针虫类、小地老虎、黄地老虎、大地老虎、白边地老虎、大垫尖翅蝗、小麦皮蓟马、麦穗夜蛾、跳甲类、赤须盲蝽、叶蝉类。

三、高丹草

高丹草（*Sorghum Hybrid Sudangrass*）是经过多代选育的饲用高粱和苏丹草的杂交组合，具有较高产量。高丹草在阿根廷、美国等美洲国家使用极其广泛，是优质的畜牧用草。

1. 主要特性

（1）植物学特征：高丹草的根系发达，茎高可达 2~3 米，分蘖能力强，叶量丰富，叶片中脉和茎秆呈褐色或淡褐色。疏散圆锥花序，分枝细长；种子扁卵形，棕褐色或黑色，千粒重 10~12 克。表现晚熟，营养生长期长。

（2）生物学特性：高丹草为喜温植物，耐热、抗旱性强、较耐寒。种子最低发芽温度为 8~10℃，最适发芽温度 20~30℃。高丹草对土壤要求不严格，沙土、微酸性土和轻度盐碱地均可生长。

（3）饲草特性：高丹草营养价值高，株高 50~60 厘米时，干物质粗蛋白含量 13.2%，体外消化率 77%，动物的消化率可达 60%以上，适口性好。植株再生能力强，分蘖能力强，耐刈割。在灌溉条件下，每年可刈割 3~4 次，亩产鲜草 6 000~9 000 千克。适于青饲、青贮，也可直接放牧和调制干草。

2. 种植技术

（1）选地与整地：

①选地：选择地势平坦、耕层深厚、土质肥沃、土壤肥力中等以上、保水保肥性能好、有灌溉条件的地块，不要选择积水和地下水位高的地块。

②耕翻：播前深耕地深 20 厘米以上，施用优质牛粪肥每亩 2 吨。耕

翻后及时耙碎大土块，修成畦田，平整土地。

③整地：高丹草种子较小，为了适期早播和保证出苗全、齐、匀、壮，要求精细整地。3 月上中旬及时耙地，使耕层上虚下实。及时灌溉，使土壤含水量保持在田间持水量的 70%以上。

（2）播种时间与方法：

①适期早播：4 月上旬，当 5~10 厘米深土层温度稳定在 10℃以上，土壤含水量为田间持水量 70%时，播种。

②精量播种：高丹草种子较小（3.0 万~3.5 万粒/千克），可以撒播，但以精细点播为好。播量 0.5~0.75 千克/亩，播深 4~5 厘米，行距 40 厘米，株距 12 厘米，播后及时覆土镇压，确保苗全。

③深施基肥：结合播种深施基肥，三元复合肥（15-15-15）25 千克/亩，混合尿素 10 千克/亩，开沟深施距种子旁侧 5~6 厘米处，与种子隔开，以防烧苗。

3. 田间管理

（1）间苗除草：播种 3~5 天后出苗，5~6 片叶展开时进行间苗，同时除草。间苗后每平方米留苗 20 株左右，确定合理密度。定苗后 15~20 天进入分蘖期，每株有分蘖 4~6 个，稀植时可达 8~10 个。

（2）追肥灌水：第 1 次收割时，撒施尿素 10 千克/亩；第 1、2 次收割间隔期，撒施三元复合肥（15-15-15）25 千克/亩；第 2 次收割时，撒施尿素 10 千克/亩。雨后追肥，如无雨则及时灌水。

4. 收获利用

（1）青刈喂畜：高丹草生长 50~60 天时，株高可达 1.5~2 米，可以直接刈割，饲喂牛、羊、兔、鹅等；青刈喂畜时，每年可刈割 3~4 次。每次刈割后植株基部仍能产生大量分蘖，当再生植株长到所需高度时，进行第 2、3 次收割；每次刈割留茬高度 10 厘米左右，以利植株分蘖和再生。

（2）青贮收割：当高丹草生长 100 天以上，株高 3 米以上时，可收割后青贮。一般在出苗后 110 天左右（7 月下旬至 8 月上旬）、株高达 3 米高时进行第 1 次收割，留茬 10 厘米。收割铡碎后青贮，1 个月后可以搭配精饲料饲喂牛、羊。

（3）刈割调制干草：一般在抽穗至初花期、株高 1.0~1.5 米时刈割，并用茎秆压扁机械处理，以加快干燥过程，使叶片和茎秆含水量同时下降，晒制优质干草。

（4）放牧利用：高丹草播种 40~50 天，株高 50~60 厘米，可进行放牧利用，过早放牧会影响牧草的再生。需要采用较大的放牧强度，在 10 天内完成牧草采食，放牧后留茬 10 厘米刈割，再次放牧要等到 3~4 周以后。

四、饲用小黑麦

小黑麦（*Triticale wittmack*），是硬粒小麦与黑麦的杂交种，为第一个人工培育的谷类作物，兼具了小麦品质好、高产和黑麦抗性强、苗壮的特性。干草产量可达 13 吨/公顷以上。由于小黑麦适应性广，用途多样，饲草品质好，容易和其他作物轮作，2004 年全球种植面积已达 3 千万公顷。我国大部地区都有种植，西北高寒山区多用于生产粮食，其他地区多作为饲草利用或粮饲兼用。

1. 主要特性

（1）植物学特征：小黑麦是一年生或二年生草本植物。营养生长阶段，小黑麦植株形态与小麦不易区分。小黑麦须根系，分蘖发达。茎秆丛生，直立生长，株高 1.5~1.8 米。叶片较长而厚，被茸毛。小黑麦的麦穗比小麦大，小穗有 3~7 朵小花，一般基部 2~3 朵小花结实。颖果较小麦大，红色或白色，角质或半角质，果皮和种皮较厚，千粒重 40 克以上。

（2）生物学特性：小黑麦的生长发育规律与小麦近似，分为春性、冬性和半冬性 3 种类型。

小黑麦种子粒大，出苗快。气候冷凉时，幼苗地上部分的生长速度较小麦和大麦慢，但根系生长速度较快。小黑麦的生育期因品种、栽培区和播种期而异。一般黄淮海地区 9 月中旬到 10 月初播种，出苗 2 周后开始分蘖，50 天左右进入拔节期，翌年 6 月上中旬种子成熟，生育期长达 230 天以上。西南高海拔一年一熟制地区一般在 8 月底至 10 月初播种，翌年 7 月成熟，生育期长达 270~320 天。

小黑麦喜冷凉湿润的气候条件，最低发芽温度为 2~4℃，最适生长温度为 15~25℃。耐寒性强，在黄淮海地区冬季有积雪（-20℃）时也可安全越冬。对土质要求不严格，能适应 pH 4.5~8.0 的土壤，耐盐碱，耐贫瘠、耐旱性强，在酸性和富铝化土壤上的产量比小麦和大麦高 20%~30%。在缺磷、重金属含量超标或缺乏微量元素的土壤上种植小黑麦，可以获得比其他作物更好的产量。

（3）饲草特性：饲用小黑麦具有很强的杂种优势，株高达 1.5~1.7 米，分蘖多，茎叶生长繁茂，叶量大，叶茎比高。抗倒伏，便于机械收割，鲜草产量可达 3 300 千克/亩，比饲用大麦增产 40%~50%，干草产量达 820 千克/亩；结实率高，籽实产量达 250 千克/亩。饲用小黑麦秸秆质地柔软，草质优良，营养丰富，适口性好，牛羊喜食。收获籽实后，秸秆中粗蛋白质含量为 4.61%，粗脂肪为 2.24%，粗纤维为 33.46%，无氮浸出物为 42.5%。

2. 种植技术

（1）土地准备：饲用小黑麦种子粒大，易出苗，一般不需特别耕细土地，平整土地即可，施入有机肥或低氮、高磷钾的复合肥作为基肥，用量为 15~25 吨/公顷。由于饲用小黑麦苗期生长较慢，易受杂草危害，播前可通过旋耕或用草甘膦等化学除草剂灭除杂草，耕后需要镇压。采用免耕法播种饲用小黑麦也比较容易成功。

（2）播种期：饲用小黑麦主要采用春播和秋播。秋播时间可以参考当地冬小麦的播种时间，一般黄淮海地区为9月下旬至10月上旬，播种太晚影响越冬和第二年的籽实产量，播种过早易导致秋季过度生长而降低冬季的耐寒性和抗病性。出苗4周，具3~4片叶、根冠生长良好的幼苗抗寒性好。为提高饲草产量，春性小黑麦春播要尽早。

（3）播种方式：饲用小黑麦可以单播，也可以与饲用豌豆、苕子或燕麦等一年生饲料作物混播。条播行距15~30厘米，也可撒播。饲用小黑麦秋播宜浅，以缩短出苗时间，播深2~3厘米为好。春播宜深，播深5厘米，以利用深层土壤水分。无灌溉条件、年降水量250~350毫米地区，播种量90~105千克/公顷；年降水量350~450毫米地区，播种量为105~120千克/公顷；年降水量450~550毫米或有灌溉地区，播种量为120~130千克/公顷。撒播的播种量应比条播提高15%~20%，但植株易倒伏。与豌豆混播时，饲用小黑麦和豌豆的播种量各为正常播种量的3/4。

3. 田间管理

（1）灌溉与追肥：秋播饲用小黑麦可在秋季及翌年春季分两次施氮肥，提高氮肥利用率并防止倒伏。春播饲用小黑麦除基肥外，可在拔节和抽穗期两次追肥。施肥最好与灌溉相结合。磷肥和钾肥可少量用于种肥，其余作为基肥。干旱区饲用小黑麦整个生育期需浇2~4次水。分蘖到拔节期水分供应不足会增加不孕穗数，降低种子产量。抽穗和灌浆期也是需水的关键时期。

（2）病虫草害：饲用小黑麦返青至拔节期，通过合理施肥促进饲用小黑麦快速生长、增加播种量等方法有效抑制杂草；选用2，4-D丁酯EC、75%苯磺隆DF或6.25%甲基碘磺隆钠盐·酰嘧WG，防除田间杂草。

饲用小黑麦抗病虫害的能力较强，对白粉病免疫，对锈病、黑粉病、腥黑穗病、叶枯病等有很好的抗性。但较易感麦角病、斑枯病、赤霉病和细菌性病害，选择抗病性好的品种很关键。赤霉病可降低小黑麦的种子和牧草产量，且与麦角病一样对家畜有毒害作用。防治这两种病害，可选用无感染的种子或用杀菌剂处理的种子，拔除田间感病植株，制定合理的轮作计划，在麦角菌完成其生命周期前提前刈割等。饲用小黑麦发生虫害的规律与小麦类似，易受蝗虫、蚜虫、黏虫、小麦吸浆虫和地老虎的危害，必要时需使用杀虫剂控制。

4. 收获利用

饲用小黑麦的利用方式多样，可收获籽实，也可生产饲草。作为牧草，小黑麦可以放牧，也可以青饲、生产干草或青贮。可先放牧或刈割1~2次后再生产籽实，但刈割要早，留茬高度不能低于5厘米。调制干草和青贮最佳在蜡熟早期。延迟收割会降低牧草品质，而且颖果的芒会变硬，易导致家畜口腔溃烂。

五、饲用碱谷

碱谷，又名龙爪稷、穇子，为禾本科穇属虎尾草族的一年生草本植物。1995年开始进行引种和耐盐碱筛选，在禾本科和藜科等30多种牧草和饲草作物中，碱谷耐盐碱表现良好。饲用碱谷是山东省畜牧总站翟桂玉团队对耐盐碱谷长期选育而成的饲草新品种。饲用碱谷是一种适应范围广、抗逆性强、性状优良、粮草兼收、双高产双优质的新型饲料作物。饲用碱谷是牛、羊、马、兔等的理想饲草饲料；开发利用土地资源、治理盐碱地的逆境先锋作物；草饲轮作配置的饲草作物；用于沙打旺、苜蓿老草地更新改造也极具发展潜力。

1. 生物学特性

饲用碱谷是抗旱、高度耐盐碱、适应性极强的逆境先锋作物。对土壤要求不严格，山坡、平地、河滩、高水肥地均可种植。多年试验表明，饲用碱谷正常出苗的土壤盐渍度为0.3%，临界值0.45%，极限值0.75%。进入分蘖期以后，耐盐能力增强，在0.6%盐渍度下可正常生长发育、开花结实。比穇子、碱谷等更为耐盐碱，全株饲草产量和籽实产量均高，产草量分别比碱谷、穇子增产 18.3%和 92.0%；籽实分别增产 33.3%和 114.2%。在 0.4%盐渍土地上种植，亩产干草 722 千克，籽实 250 千克。盐碱地试验种植，亩产干草达 750 千克，比原植被生物量提高 20 倍。

2. 植物学特征

饲用碱谷生育期 110~120 天，茎秆直立，株高 1.2 米以上。主茎基部宽 1~1.5 厘米，每株有 40 个以上分蘖。叶长 6~7 厘米，宽 1~1.5 厘米。穗长 4~9 厘米，生长整齐，主穗、分蘖穗成熟一致。一般条件下亩产干草 700 千克以上，籽实 100 千克以上；高产地块亩产干草 1 000 千克以上，籽实 200 千克。

3. 栽培与利用技术

饲用碱谷适应各类土壤种植，播种期以 4 月中旬至 5 月中旬为宜。黄河以南春播、夏播均可。每亩播种量 0.75 千克，行距 55~60 厘米，株距 18~20 厘米。苗期要早铲、早定苗，促进早发；中期生长遇干旱应灌水；整个生育期不需防病灭虫，成熟时应及时收获。饲用碱谷是粮草兼收作物，一般以调制干草利用为主。因它具有较强的再生力，也可青刈，但要在孕穗前刈割，留茬高度 8~10 厘米。刈割后中耕施肥，以利于再生。饲用碱谷营养丰富品质好，经测定干草的粗蛋白、粗脂肪含量分别为 8.7%和 4.6%，均高于谷子和其他禾本科饲料作物。饲用碱谷秸秆空心，软而甜，叶量大，牲畜爱吃，可青刈喂牛、羊、兔，也可用于池塘养鱼和发展特种养殖业等。饲用碱谷调制的干草是冬春季牛羊的好饲草，比谷草适口性好，牲畜采食率高，吃得净，上膘快。饲用碱谷喂奶牛比喂其他禾本科饲草，产奶量可提高 10%以上。

六、无芒雀麦

1. 地理分布

无芒雀麦原产于欧洲、西伯利亚和中国，在我国分布于东北、华北、西北和西南地区，是世界温带和暖湿带地区的优良牧草。

2. 植物学特征

为禾本科雀麦属多年生草本植物。根茎形，须根系发达，有横走根茎，分布于20厘米深土层中。茎直立，4~6节，无毛，株高80~120厘米。叶4~6片，长15~25厘米，宽1.2~1.6厘米，叶鞘紧包茎，叶舌膜质，无叶耳。圆锥花序，开展，长15~20厘米，分枝细，小穗含花6~10朵。每小花结一粒种子，颖披针形，膜质，顶端无芒或具短芒，内稃短于外稃。种子大而扁平，艇状，长9~12毫米，宽2.5毫米，千粒重4克，每千克种子含25万粒。

3. 生物学特性

无芒雀麦适应性强，适宜冷凉干燥气候条件。耐干旱，在年降水量400毫米地区可正常生长。抗寒性强，在-30℃低温下可安全越冬，不喜高温。对土壤要求不严格，耐碱，耐湿，耐贫瘠，最适宜肥沃的壤土或黏壤土。无芒雀麦分蘖能力强，播种当年单株分蘖可达10~37个，主要为营养生长，翌年大量开花结实。春季返青早，秋季枯萎晚，青草期长。

4. 饲用价值

无芒雀麦是一种优良的禾本科牧草，营养价值高，茎叶柔软，草质优良，适口性好，马、牛、羊喜食。无芒雀麦耐践踏，适宜放牧，又宜刈割，可供青饲、晒制干草或青贮。无芒雀麦春天早发，秋天晚枯，再生草适口性仍较好，所以能延长青草放牧期，可建植良好的割草场。但在夏季高温地区，要控制放牧，以防草地早衰。在抽穗期至初花期刈割，过晚草质老化，适口性及饲用价值下降。无芒雀麦每年可刈割2~3次，干草产量270~550千克/亩。

5. 栽培技术

播前深翻地、耙耱，做到平整细碎，有灌溉条件的灌足底墒水。无芒雀麦喜肥，结合整地每亩施有机肥1 500千克作底肥。宜秋播，也可春播或夏播，播种方式可条播或撒播。条播行距30~40厘米，播种量1~2千克/亩，播种深度3~4厘米。无芒雀麦可与苜蓿、沙打旺等豆科牧草混播，作放牧草地。无芒雀麦苗期生长缓慢，注意及时中耕除草。每次刈割后结合灌水施速效氮肥，可提高产量。建植后的无芒雀麦可形成丛生整齐的草地。3~4年后，地下根茎结成坚硬的草皮，产草量下降。用圆盘耙切割根茎，疏松土层，提高通透性，使草地更新复壮，增加产草量。无芒雀麦抗病虫害能力较强，较少受害。

6. 常见病虫害

病害有麦角病、白粉病、条锈病等。麦角病可使牲畜中毒，播种前应注意清除种子中的麦角。防治后两种病，可喷施石硫合剂、萎锈灵等杀菌剂。病害严重地区，注意轮作倒茬，选育抗病品种。

七、羊草

羊草生态适应性强，在黑钙土、栗钙土、黑土、盐碱地上都能够生长，在干旱、半干旱及半湿润气候区，平原、高原、丘陵和山地等不同地形区均有大面积分布。羊草对土壤的酸碱度适应性强，pH 5.5~9.4时皆可生长，最适宜pH为6~8.6。羊草虽有较强的耐盐碱性，在轻度盐碱地上也可以种植，但如果土壤中盐度超过0.6%就会明显影响发芽和幼苗生长。羊草为旱生或旱中生禾草，在年降水量250毫米的干旱地区生长良好，适宜在年降水量400~600毫米的地区种植，降水量不足或较多的地区则要配置排灌设施。虽然羊草耐涝，但长期积水（7天以上）也会导致减产或死亡，因此，不宜在低洼易积水的地块上种植。耐寒性强，早春返青期和晚秋上冻前，能忍受-5~-6℃的霜冻，在冬季极端气温-42℃且又少雪的地方都能安全越冬。

建植羊草地时，为便于机械播种、田间管理和收获，应尽可能选择平坦、开阔的土地。土层深厚、土质疏松，保水保肥性强、通透性好的壤土或砂质壤土种植有利于提高羊草生产性能。在盐碱地上种植羊草，土壤含盐量较高时，播种前需灌水洗盐，以降低土壤中的含盐量。

1. 选地与整地

（1）选地：按照羊草的生长习性和适应性，选择适宜地块，进行合理规划，配套田间道路、灌溉渠道、排水设施。

（2）整地：整地质量的好坏，直接影响羊草的发芽率及出苗整齐度，特别是在盐碱地种植羊草时尤为重要。通过机械改变耕作层土壤的物理状况，按照“土层深厚、上松下实、田平如镜、土壤细净、含盐量低、墒情充足”的要求，改善土壤水、肥、气、热状况，为种子发芽、出苗、生长发育创造良好的土壤条件。

①翻耕：根据播种时间、前茬作物确定翻耕条件，秋耕、夏耕、春耕均可。耕前要将灌溉工程完成，盐碱地耕前要实施排灌脱盐。

根据土壤的具体情况确定翻耕深度，土层深厚的地方宜深翻，土层浅薄的地方则可适当浅翻。黏重的土壤要深翻，疏松或沙化比较重的土壤应浅翻。新开垦的荒地，要在上年秋季深翻，同时要彻底翻转，严密覆盖，以便于将原始植被完全消灭；选择熟地时，翻耕深度控制在 20 厘米左右即可。土壤水分对翻耕质量很重要，水分过多或过少都会形成土块，影响出苗。含水量 18%~20%土壤，耕深 18~22 厘米；含水量 20%~23%沙壤土，耕深 15~20 厘米。羊草的根系发达，耕深 20~30 厘米，可将植物残茬、枯枝落叶、绿肥、有机肥料和无机肥料等翻入土壤下层，清洁耕层表面，促进其分解转化，减少无机肥料的挥发和流失，提高土壤的有效养分含量，利于根系吸收。

旋耕机一次作业可同时完成疏松土壤、切碎土块、平整地表、消灭杂草和混合土肥的作用。对盐碱地耕翻时，要注意表土层厚度或者碱土层的深度，一般实行表土浅翻轻耙。

②耙地：通常在翻耕后耙地，有清除杂草及根系、耙碎土块、平整地

表、疏松表土、提高土温、轻微镇压和保蓄水分的作用，为做畦或播种打下基础。耙地的次数决定了耕地质量。多数情况下需要耙两遍，耙地的深度应由深到浅，即第一遍要耙深、耙透，以免土块在土层中形成大的空隙，使水分供应中断，幼苗“吊死”。在实际生产中，土壤松软、杂草少的土地可以只耱不耙或只耙不耱。

③镇压：镇压起到压碎大土块，使表土变紧、压平土壤的作用。播前镇压可使表层土壤变得紧实，改善土壤孔隙状况，减少水分蒸发，为适时播种、顺利出苗创造良好条件。为保证播种后出苗整齐，在播种后要镇压1次，应尽量保持深度一致，使种子和土壤充分接触，及时吸收水分和养分，对于达到苗全、苗壮具有良好的效果。

（3）施基肥：羊草的利用年限长，产草量高，需肥多，尤其对氮肥的需求量较多，要结合翻地施足基肥。最好施用有机肥（有效活菌2亿/克以上），一定要充分腐熟，拌土施入。再根据土壤的情况，选用硫酸铵或者硝酸铵等。

（4）播前除草：羊草的幼苗细弱，生长缓慢，易受到杂草危害，造成羊草死亡率高，产量下降。因此，在播种前要将杂草彻底消灭。

2. 播种

（1）品种选择：选择种子发芽率高，抗逆性强，具有较强的抗寒、耐旱、耐盐碱及抗病性的羊草品种。

（2）种子处理：对种子风选或筛选，主要以风选为主，去除空壳、秕粒等不符合种植要求的种子和茎秆等杂质。种子经过风选后，可以提高纯度，保证发芽率和出苗的整齐度。

（3）播种时间：除冬季土地封冻外，3月上旬到10月中旬播种均可，当年发芽；10中旬以后播种当年不发芽，翌年开春发芽。

在生产实践中，播种地块的地温、水分、土壤盐碱程度，以及杂草种类和密度都会影响播种时间。当春季温度升高、土壤杂草稀少时，充分利用早春土壤解冻时的返浆水，在3月初播种，争取当年羊草多分蘖。

在没有前茬作物的地块，杂草处理难度大，再加上黄河三角洲地区雨量充沛，不宜控制墒情，所以6、7月份播种会因土壤湿度过大，影响出苗或杂草疯长，导致幼苗生长迟缓，甚至死亡，风险性较大。

一般在8月底至9月上旬秋播，最晚不迟于9月中旬，正值雨季之后，土壤水分充足、温度适宜，而且由于气温逐渐降低，杂草和病虫害减少，出苗率和成活率较高。

由于盐碱地含盐量受降水、气温、蒸发量等诸多自然因素的影响而有季节性波动。一般在春季土壤中的盐分多分布于表层中，在秋季盐分则向深层土壤中运移。若春季播种后遇雨并经烈日暴晒，土壤表面易形成坚硬的板结层，使羊草出苗困难。因此，盐碱地最好在夏末秋初播种，这时候雨季刚过，土壤中的盐分被淋洗下去，而且土壤的水分含量也较充足，非常有利于出苗，保苗率也较高。

（4）播种方式及播种量：根据羊草生长特性，播种方式主要有条播和撒播，沙性土适宜条播，黏性土适宜撒播。条播行距以15~20厘米为宜。大面积播种主要采用机械撒播，覆土厚1~2厘米。一般播种深度以2厘米为宜，沙性土播深2~3厘米，壤土播不超过2厘米，土壤越黏则播种越浅。在播种过程中要经常疏通排种管，防止发生堵塞。播种后要立即镇压，以利保墒、促进发芽。羊草的侵占性强，宜单独播种，不适宜与其他种类的牧草混播，尤其是要避免与豆科牧草混播，否则，会影响产量。

羊草播种量要适宜，播种量过少抓不住苗，易受杂草侵害；播种量过大幼苗细弱，影响到根茎发育，还造成种子的浪费。播种量为每亩2千克，在质量差、杂草多、盐碱较重的地块应加大播种量，每亩3千克。

3. 田间管理

（1）水肥管理：一般在返青后追肥，以施用氮肥为主，配施磷钾肥。一般追施尿素，75~150千克/公顷，土壤中缺钾且影响到牧草生长的情况下追施硫酸钾 45~75 千克/公顷。在土壤缺钙的地方可施用重过磷酸钙。盐碱地增施磷肥，对提高羊草产量和品质有很大作用。追肥后应立即灌水 1 次。

根据气候条件每年灌溉 2~4 次，苗期土壤含水量保持在 60%~80%。如果赶上雨季，雨量较大，出现积水涝淹现象，要及时排水，避免羊草幼苗死亡。

（2）除草：羊草播种后 8~12 天萌发出土，幼苗纤细且生长缓慢，田间其他一年生杂草生长速度相对较快，幼苗生长易被杂草抑制。苗期要做好除草，可以选择人工除草或者化学除草。

①机械防控：在播种前进行两次以上翻耕、耙磨，第一遍土壤翻耕、耙磨将田间杂草种子激活，杂草发芽生长后进行第二次翻耕、耙磨，能够有效杀灭大部分杂草。羊草 2~3 叶时，用齿耙耙地灭草率达 90%以上。

②化学除草：播种前对土壤进行封闭处理，选用草甘膦 2 500~3 000 毫升/公顷，兑水 450~600 升/公顷，防效均在 90%以上。播种时地表禾本科杂草较多，可在播种后第二天喷施草甘膦（稀释 2 000 倍），喷药后两天再正常浇（灌）水，确保羊草正常出苗。羊草生长至四叶期时，可选用 2，4-D 丁酯对田间双子叶杂草进行杀灭。两年以上的羊草田，羊草已经形成强大的根系群落，有较强的竞争优势，且羊草早春返青早，营养体生长旺盛，其他杂草一般竞争不过羊草。

（3）病虫害防治：羊草病害主要有锈病、麦角病、线虫病。发生锈病时，可采用多菌灵或甲基托布津进行处理。发生线虫病时要及时翻耕，改种不感染线虫的其他牧草。虫害主要有草地螟、黏虫、土蝗、飞蝗、蚱蜢等，大量发生时，可将叶子吃光导致严重减产。要特别注意早发现、早防治，如生物防治（如进行草地放牧）或药物防治（如喷洒敌杀死、巴丹、乐果等）。

（4）更新复壮：羊草具有发达的横走茎，生长年限过长，根茎层会越来越厚，使土壤通透性变差，产草量降低。在生长到第 5~6 年时要切断根茎，进行更新复壮，主要采用浅翻轻耙和松土补播。一般在早春越冬芽尚未萌动时浅翻轻耙，用犁先浅耕 8~10 厘米，再用圆盘耙斜向耙地 2 次，主要是切断羊草根茎，再用 V 型镇压器镇压。通过改善土壤理化特性，调节水肥气热，提高土壤的微生物的活动及土壤肥力，从而增加羊草的无性繁殖能力，增加羊草株数，提高产量。松土补播的基本原理与浅翻轻耙相似，在退化严重的羊草场实施，对于植被稀疏的地块效果更佳。

4. 收获利用

羊草是多年生植物，整个生长季节都会有新的分枝发生，地上茎秆高低不一、穗的长短存在差异。收获后，可调制干草、青贮或放牧利用。

（1）调制干草：羊草在花期前粗蛋白质含量一般占干物质的 20%以上，分蘖期可达 18.53%；矿物质、胡萝卜素含量丰富，干物质中含胡萝卜素 49.50~85.87 毫克/千克。羊草种子收获后调制成的干草，粗蛋白质仍能保持在 10%以上。

调制羊草干草会有热害和霉变损失，叶片脱落损失，机械损失，光化学损失和雨淋损失等，选择晴朗无雨天气刈割羊草，留茬高度 5~8 厘米，在原地自然晾晒，及时翻晒通风，加速干燥，减少呼吸作用造成的营养损失。待含水量降至 14%以下时，即可集成大堆，直接生产加压草捆；或运送回仓库，进行草捆加压。

常用捡拾捆草机捡拾干草条，压制成草捆。草捆垛一般长 20 米，宽 4~5 米，高 18~20 层，每层布设直径 0.3 米的通风道，根据青干草含水量与草捆垛的大小确定数量。

在销售商品草时，要用打捆机将草捆二次加压，缩小草捆的体积，方便长途运输，避免内部返潮。

羊草干草可进一步制成草粉、草颗粒、草块、草砖、草饼，供畜禽食用。

（2）青贮利用：羊草刈割留茬高度5~8厘米，切碎长度为2~3厘米。压实密度为每立方米750千克以上，按2%添加量适当添加糖蜜，并使用乳酸菌类青贮添加剂。常用袋贮、裹包青贮和窖贮等。

（3）放牧利用：羊草每年2月中旬开始返青，株高30厘米后可开始放牧，持续到拔节期到孕穗期。羊草5月上中旬抽穗后质地粗硬，适口性降低。羊草草地通常以放牧羊、牛为主，幼嫩时期还可放牧猪和鹅。

第七章 盐碱地饲草“复合种植”关键技术

第一节 饲草作物复种技术

饲草作物复种技术也称为复播技术，是在一个生长季节内，在同一块土地上，当第一次作物收获后，再种植第二、三次作物，这是一种非常经济地利用土地、光、热资源的种植制度，是提高单位面积产量的重要措施之一。山东省盐碱地的复种条件潜力大，可以种植饲草作物。翟桂玉团队在山东盐碱地小麦收获后播种青贮玉米，产量高；种植苏丹草、高丹草、甜高粱等，可直接收获饲草；有的盐碱地复种条件更为优越，可以实现饲草复合种植的一年两熟或是两年三熟。目前山东省盐碱地复种方式，是把冬小麦作为第一次作物种植收获粮食，再种植青贮玉米、高丹草等收获饲草。复种是一项抢时间的生产方式，在夏粮收获后，及时在麦茬地进行灌溉、施肥、翻耕、耙耱、播种，需要合理地协调组织劳力、机械和生产，才能获得较好的效果。

饲草作物复种技术，首先要选择丰产早熟的第一次作物（前作物），为第二、三次作物（后作物）增加生育期或利用光热资源创造条件。选择第二、三次作物的种类和品种同样重要，山东省过去多采用 90~105 天成熟的中早熟青贮玉米品种，影响饲草产量。若采用 115~125 天晚熟青贮玉米，产量可提高 1 倍以上。在一个生长季节里，在同一块土地上连续种植 1~3 次作物，从土壤中摄取的营养物质多，如果不加以补充肥料，势必影响复种作物的产量，因此，施用肥料是复种不可缺少的一项增产技术。种植豆科作物也是增加土壤肥力的有效办法。第一次种植豆科作物如紫云英、苜蓿、田菁等，以丰富土壤中的氮素。在第二次作物或第三次作物生育期间追施一些磷、钾肥料，可以使复播作物增产。为争取时间，一般在夏收前 1 周进行适量灌溉，这样在夏收后可立即施肥、犁地、播种，争取早播。对复种作物中耕除草，促进其生长发育，提早成熟。

盐碱地饲草复种生产技术多种多样，可因地制宜进行试验和推广。

一、饲用燕麦—棉花复种技术

1. 品种选择

饲用燕麦又称皮燕麦、普通栽培燕麦，为一年生禾本科早熟禾亚科燕麦属植物，是牛羊优质饲料作物。该技术宜选用适口性好、优质、高产、抗寒、抗逆性强的燕麦品种。短季棉应选择生育期≤110 天，早熟性好，株型较紧凑、果枝较短、赘芽少、结铃集中、适宜机采、品质好、抗逆性强的品种。

2. 饲用燕麦栽培技术

（1）整地：每年 11 月 30 日（或冻土封地）之前整地，一定要精细整平。结合饲用燕麦的规模化种植及大型机械应用等因素，建议使用激光平地机作业，单位种植面积以 20~30 亩为宜。精平后地表平整，垂直于播种方向，在 4 米宽内高低差小于 5 厘米。冬前地块深耕，打破传统耕种的犁底层，深度≥25 厘米。利用碎土机械（如圆盘耙或驱动耙）将地块整碎整细，达到每平方米耕地内直径 5 厘米的土块不超过 3 个。11 月 15~11 月 30 日，在冬季冻土之前大水漫灌，翌年早春冻土解冻后，土壤表层松软达到备播状态。

（2）播种：每年3月15日~3月30日，春季地表解冻深度达到3厘米即可。采用高效低毒的专用种衣剂，进行种子包衣或药剂拌种。每亩总施肥量，氮8千克，磷8千克，钾8千克，硫酸锌3千克，增施有机肥，合理施用中量和微量元素肥料。燕麦起身期或拔节期追施氮肥，可采用测土配方肥料，盐碱地施用氮28-磷6-钾6或氮29-磷5-钾6的配方肥，每亩施肥量15千克。每亩保持在25万株苗为宜，按照燕麦种子千粒重25克折算，亩播量约为5千克。播种用精播机或宽幅精播机，行距≤30厘米，播种深度3~5厘米。播种机匀速行走（每5千米/小时），保证下种均匀、深浅一致、行距一致，不漏播、不重播，地头地边播种整齐。带镇压装置的小麦播种机械，播种后镇压，保证燕麦正常出苗和根系正常生长，提高土壤抗旱保墒能力。

（3）苗后管理：

①出苗后及时查苗：对有缺苗断垄的地块，选择相同种子，开沟补种。

②划锄镇压：出苗后遇雨或土壤板结，及时划锄镇压，破除板结，有利于增温保墒。

③防除杂草：燕麦起身期前，日平均气温在10℃以上时防除田间杂草，尽量选择雾化好的喷药器械。

④防治病虫害：防治燕麦的纹枯病、蚜虫、红蜘蛛等，喷施甲基托布津、吡虫啉、扫满净。

（4）收获：饲用燕麦草收获距离地表3厘米以上植株营养体，干草调制或青贮制作。饲用燕麦干草调制，分为刈割、摊晒、搂草、打捆四道工序。

①刈割：一般5月15日~5月25日刈割，尽量使用压扁割草机作业。综合考虑燕麦干草的产量、质量和机具作业效率，确定割草时间。

②摊晒：将新鲜燕麦草用摊晒机均匀铺散在地表。当燕麦草条过厚时，及时摊晒干燥。为方便搂草，宜采用梭形法或环形法摊晒。尽量将草摊薄，均匀散开、厚度一致。

③搂草：搂草前，利用快速水分测定仪测定干草含水量，一般干草含水量不低于40%~50%。如果草条较厚且上下干燥不均匀，则在草条含水量为35%~40%时进行第2次搂草。使用搂草机将两行草条并为一垄继续晾晒，以便于捡拾打捆。一般在清晨或傍晚进行搂草作业，宜采用环形路线作业，避免转急弯。

④打捆：将搂成草条的燕麦草用打捆机压缩成中高密度的草捆成品，分为方捆和圆捆。打捆前，利用快速水分测定仪测定干草含水量。一般小草捆（20千克左右）含水量为15%~18%，大草捆（200千克左右）含水量为14%~16%。尽量选择在夜间或清晨采用环形法进行打捆作业，尽量减少叶片的掉落和破碎。打捆机的前进方向应与草条一致，严禁走急弯。草捆松紧度要适宜，两边切割整齐，成捆体积一致，使用专用打捆绳。打捆过程中，可选择测定粗灰分含量，以便及时调整打捆机捡拾器高度，保证既能将草条全部捡拾起来，又不将土壤或杂质打到草捆中。

3. 短季棉栽培技术

（1）播种：短季棉适宜播种期在5月中下旬，以5月20日前后为最佳播期。燕麦收获离地后抢墒播种，不要晚于6月5日。为实现管理标准化、统一化、安全化，宜选用包衣商品种子。运用穴播机或条播机接茬无膜直播，墒情不好可播后直接灌水，在燕麦根茬作用下土地板结程度较低，顶苗现象很少。播深2~3厘米。为对接机械采摘方向，行距宜采用76厘米，可使用导航自动驾驶系统，加速农机农艺融合。播种后选用43%拉索乳油每亩200~300毫升兑水50千克均匀喷雾，或每亩用50%乙草胺120~150毫升兑水30~45千克喷施，防治杂草。每亩用种量2~3千克，地力较差田块需适当密植，适宜密度为每亩6 000~7 000株。每亩铺施底肥15~20千克复合肥（氮15–磷15–钾15）或二铵，推荐使用测土配方施肥。

（2）田间管理：

①苗期管理：播种后及时查苗，严重缺苗断垄棉田及时催芽补种。用条播机播种，需间苗定苗，应遵循去弱留壮、去密留稀原则。利用中耕铲进行中耕，中耕铲间隔76厘米，铲尖调至棉行中心位置。作业时由浅至深，耕深由3~4厘米逐渐加深为6~9厘米，一般苗期中耕2~3次。

②蕾期、花铃期管理：简化整枝，短季棉蕾期、花铃期宜采用轻简化栽培技术，结合药物化控技术，尽量节约人工成本。打顶尖，短季棉讲时效，7月中旬开始打顶尖，最晚不宜超过7月底。全生育期使用缩节胺，根据地力、降雨量、品种、苗情长势酌情调节用量。在苗期、蕾期、初花期、盛花期、结铃期平均每亩喷施缩节胺2克，打顶尖后5~10天一次性喷施5克，防止次生枝疯长。推荐使用喷杆式喷雾机，喷雾精准均匀。初花期至盛花期每亩追施氮肥10~15千克，结合中耕时深施于地下。

（3）病虫害防治：短季棉主要虫害为棉铃虫、棉蚜、棉蓟马等。二、三代棉铃虫对短季棉危害较重，可喷施甲氨基阿维菌素苯甲酸盐、氯虫苯甲酰胺、茚虫威、溴氰虫酰胺、氟铃脲、高效氯氰菊酯等。卵盛期到卵孵化盛期是防治关键期，要交替混合用药1~2次。1~2龄幼虫盛期进行防治，宜在8时前或17时后喷施甲维盐。卷叶株率10%~15%或单株有棉蚜30头时，喷施噻虫嗪、啶虫脒、氟啶虫胺腈等药剂，喷药以叶片背面为主，隔3~4天再喷施1次，连续喷施2次。红叶率20%时防治红蜘蛛，可用甲氨基阿维菌素苯甲酸盐、螺螨酯、哒螨灵等药剂。花期至蕾铃期当百株有棉盲蝽成虫、若虫1~2头或被害株率达到3%时防治，可用噻虫嗪、啶虫脒、马拉硫磷、溴氰菊酯、氟啶虫胺腈等药剂，9时前或17时后用药，叶子的正面和背面都喷到。

短季棉主要病害为枯萎病、立枯病、青枯病等。选用多菌灵可湿性粉剂 1 000 倍液，连喷 2~3 次。适当增施钾肥和喷施叶面肥，促早发、壮长，增加抗逆性。

（4）摘花收获：分为人工采摘和机械采摘。

①人工采摘：9 月棉花吐絮后摘花，注意防止混入“三丝”，尽量避开晨夕“露珠棉”“雨雾棉”，保证棉花质量。

②机械采摘：对果枝较短、株型紧凑且运用机采模式（76 厘米等行距种植）的植株，用采棉机采摘。喷施落叶剂后，根据开花情况一般分别于 10 月中旬、11 月中上旬集中采摘，遵循相关棉花机采技术规程。

（5）拔棉秆：在饲用燕麦—棉花复种模式下，冬前整地时间充足，无需着急腾茬。待棉花采摘结束，棉秆还田（施用腐熟剂）或运用机械拔出棉秆，冬前或整地前清地即可。

二、饲用燕麦—水稻复种技术

饲用燕麦—水稻复种技术为一年两作，作业流程为：免少耕播种饲用燕麦→田间管理→饲用燕麦收获→酌情深松放水→水稻插秧→田间管理→水稻收获→酌情深松、少耕。

1. 复种栽培技术

（1）土地准备：饲用燕麦种植的土地平整、上虚下实，田间无大土块，无较大的残株、残茬，达到播种条件。土壤 pH 5.5~8.0，含盐量<4‰。在燕麦草收割后要及时整地，水稻播种前要进行灌水压碱，盐碱重的地块洗碱 1~2 次，使含盐量降至 3‰以下。落谷前进行水整平，田间高低差在 5 厘米左右。插秧田耕深要在 20 厘米左右，耕后进行细整平（旱整平），防止返碱死苗。

（2）种子准备：选用通过品种审定和区域试验的饲用燕麦品种。精选种子，播前晾晒 1~2 天。虫害易发区应进行种子处理，防治地下害虫。选用经过国家或省审定的品种，适宜在盐碱地种植的优质、高产、抗逆性强水稻品种。

（3）播种时间：饲用燕麦幼苗能忍受-2～-4℃的低温条件，在3月上旬顶凌播种。播种不晚于3月中旬，否则，会影响水稻插秧，降低水稻产量。在6月上旬至6月中旬水稻插秧。

（4）播种量：饲用燕麦每亩播种量10～12千克；水稻插秧每穴7～8株苗，每亩1.6万穴左右。

（5）播种方式：饲用燕麦条播，行距15～20厘米，播深3～5厘米，防止重播、漏播，下种要深浅一致、均匀。利用小麦播种机播种，及时镇压，使土壤和种子密切结合，防止漏风闪芽。水稻采取机插秧，插秧行距30厘米，株距12～14厘米。

（6）田间管理：饲用燕麦出苗后及时查苗补种，播后下雨如遇板结，要及时松土。三叶期至分蘖期灌水1次。燕麦抽穗后不建议浇水，防止倒伏。水稻插秧前要及时进水，插秧地块的水位要低于苗高。插秧时要做到浅水栽秧、深水护苗，分蘖后期适度晾田（盐碱地应注意防止返碱），抑制无效分蘖，增强水稻抗倒伏能力。孕穗前后间歇灌溉，孕穗扬花期保持浅水层，乳熟期间歇灌溉，干湿交替，成熟前10天左右断水。

饲用燕麦第1次追肥在分蘖中期至第一个茎节出现期间，每亩追施尿素12～16千克，或硫酸铵、硝酸铵7.5千克；第2次追肥在孕穗期，每亩追施硫酸铵、硝酸铵5千克，并搭配少量磷、钾肥。

水稻施肥结合整地、插秧，亩施有机肥2 000～2 500千克、复合肥15～20千克或尿素10千克、磷酸二铵5千克作基肥。在秧苗一叶一心期，亩施尿素5～7.5千克作“断奶肥”，在三叶一心期亩施尿素7.5～10千克作分蘖肥。插秧前7天，亩施3.5～4千克尿素作“送嫁肥”。三叶期前保持土壤湿润，三叶期后可保持浅水层管理。一般亩施尿素30～35千克作追肥，可根据长势分三次追施：即插秧后亩追返青肥7.5千克、追分蘖肥12.5～17.5千克、追穗肥10千克。或者亩施水稻免追肥（45%，27-

8-10）50~70 千克，一次施入，整个水稻生育期不再追肥。

（7）病虫害防治：饲用燕麦虫害易发区应进行种子处理，防治地下害虫。水稻病虫害主要有水稻纹枯病、稻瘟病和稻曲病，水稻虫害主要有水稻二化螟、稻飞虱、稻纵卷叶螟和地下害虫稻水象甲、负泥虫、红线虫等。在农业防治、生物防治、物理防治并举基础上，采用药剂防治。农业防治是加强肥水管理，适时晒田，平衡施肥，避免重施、迟施氮肥，增施硅锌肥 5 千克/亩，提高水稻抗逆性。生物防治是人工释放赤眼蜂防治螟虫，在二化螟、稻纵卷叶螟蛾始盛期，每亩每次释放 3 万~4 万头，每隔 7 天释放 1 次，连续放 3 次。或者使用性诱剂诱杀害虫，每亩设置 5 个诱捕器。或者在田埂周围，距水稻 0.5 米，种植香根草。香根草每穴种植 3 棵，株距 1 米。物理防治是采用粘虫板、太阳能防虫灯、糖饵诱杀剂等诱杀害虫。药剂防治是使用农药，提倡兼治和不同作用机理的农药交替使用。

2. 收获技术

5 月中下旬生长至扬花期，刈割饲用燕麦并压扁，留茬高 5~10 厘米，在田间晾晒 2~3 天，调制青干草。6 月上旬饲用燕麦生长至乳熟期刈割压扁，留茬高 5~10 厘米，在田间晾晒半天，含水量达到 55%~65%时窖贮或裹包青贮。

一般在水稻蜡熟末期至完熟初期收获，即稻穗上部的枝梗 2/3 黄化变干，穗基部变黄色，全穗褪去绿色，茎叶变黄色时收获，产量高、色泽好。收获过晚，不仅掉穗落粒减产，而且米的色泽差、品质下降。采用机械收获，将秸秆粉碎至 5 厘米长左右，并及时翻耕稻田，翻深在 25 厘米左右，将秸秆全部覆盖。

三、苏丹草套（混）播技术

解决饲草问题是现代畜牧业发展最紧迫的任务。山东省是畜牧业大省，又是重要的小麦生产区，由于多元因素的制约，小麦收获后主要是种植粮用玉米，使畜牧业发展受到优质饲草资源不足的限制。苏丹草是一年生禾本科草本，耐盐碱，适应性广，一年可多次刈割，是营养价值高的好饲草。苏丹草套（混）播新技术是利用麦类（冬小麦，春小麦）收获后的土地空间，在不影响麦类产量前提下，多生产 2~3 茬苏丹草。这是缓解种粮与种草之间矛盾，增加饲草供给，弥补饲草不足，提高土地利用率，促进畜牧业持续快速健康发展，增加农牧民收入的有效途径。

苏丹草套（混）播技术是在冬小麦地春季套播苏丹草，在冬小麦翌年返青后，浇头水前一天或当天人工撒播苏丹草种子 6 千克/亩。将苏丹草种子均匀地撒落在麦苗下即可，然后浇头水，10 天左右苏丹草小苗露出土壤；春小麦地春季混播苏丹草，播种量为春小麦 25 千克/亩，苏丹草 5 千克/亩，搅拌均匀再播种。按照麦类常规管理，5 月底至 6 月上旬麦类开始收割，苏丹草高 15~20 厘米，不影响机械收割和冬麦产量。

冬小麦地套（混）播苏丹草要做好三点：一是麦类收后立即出地，最好是边割麦边拉草，在收麦后 3 天内浇头水；二是浇头水浇好浇透，否则，会影响苏丹草质量和产量。因在收麦过程中在麦地碾压出的沟槽，要处理好，防止浇头水时顺沟而流，浇不好、浇不透；三是浇二水前及时施尿素，15 千克/亩，浇头水到浇二水间隔 8~10 天，浇头水不能施尿素，浇二水前苏丹草从茎基部重新分蘖出每株 10~20 厘米新株芽。浇二水施肥后苏丹草迅速生长，麦收后 65 天（苏丹草 85%以上处于孕穗期时最佳）苏丹草即可收割，均高 2. 5 米以上。收割后晾晒，待草含水量 30%~35%时即可捆拉上垛。冬小麦与苏丹草套（混）播不影响麦类生长发育，也不影响麦类产量，在不增加耕地的情况下，可以增加饲草的产出，对于发展畜牧业，增加农牧民收入效果明显。大面积发展麦茬复种措施，可从时间、空间上最大限度利用光、热、水、土等资源条件，实现增收增产。

四、草木樨套（混）播技术

草木樨作为耐盐碱抗旱优质饲草，被广大农民所喜爱。草木樨作为豆科绿肥，能为农作物提供养分，改善农作物茬口，减少病虫害，抑制杂草；改善土壤物理性状，提高土壤保水、保肥及供肥能力；保护生态环境，生产优质饲草。将草木樨与冬小麦套种可发挥种间互助优势，减少农药和化肥的投入比；充分利用土地资源，提高土地利用率。禾本科植物与豆科饲草套种，能提高收获干草蛋白质产量。禾本科植物从土壤中吸收有机质氮而减缓氮的矿质化，从而使氮的损失量最小，在保持水土资源可持续发展的同时，可为畜牧业提供更多的饲料干物质和可利用蛋白质。该技术可提高饲草的营养价值，增加优质饲草供应，降低畜牧业成本。

1. 草木樨套（混）播

草木樨套种冬小麦的土壤，有机质含量较单种冬小麦增幅在 11.7%~24.5%，土壤全氮含量增幅在 38.9%~45.5%，碱解氮增幅在 17.5%~38.9%；土壤全磷含量增幅在 32.4%~47.3%，有效磷下降 24.7%~45.7%；土壤全钾含量下降 11.6%~21%，有效钾增幅在 3.4%~23.1%。土壤盐度显著下降。草木樨根系多集中在 0~30 厘米深耕层内，一般鲜根产量每亩为 300~1 000 千克。套种当季小麦平均增产 16%以上，下一季玉米平均增产 8.7%以上，每亩增加草木樨干草 300~700 千克。

2. 关键技术

（1）冬小麦种植：播种前整地，深耕 20 厘米以上，做到田面平整、土块细碎、上虚下实，拾尽根茬。冬小麦 9 月 20 日至 10 月 5 日播种，每亩播种量为 22~25 千克，播深为 5~7 厘米，行间距为 12~15 厘米。播种时每亩施磷酸二铵 10~15 千克。灌足冬水，4 月中上旬及早灌好头水，适时灌好抽穗水与麦黄水。在返青期土壤表层化冻时结合灌水，每亩追施尿素 10 千克。冬小麦播种前及时除草，返青期防治蚜虫、白粉病等。

（2）冬小麦与草木樨套种：草木樨播种量 1.5~2 千克/亩，种子纯度不小于 90%，种子净度不小于 92%，种子发芽率不低于 75%，种子含水量不高于 11%。在小麦返青期至拔节前，或灌返青水（头水）前，结合春季施肥时撒播或条播。小麦与草木樨共生期间，田间管理以小麦为主。小麦收割时要高留茬，一般在 20 厘米左右。小麦随收随运，立即灌水，以后根据草木樨的长势和土壤墒情，适时灌水。一般草木樨生育期间灌水 2~3 次，灌水和施肥同时进行，每亩施磷肥 20 千克、氮肥 5~10 千克。草木樨利用方式主要有翻压作绿肥和干草作饲料。草木樨作干草饲用，一般秋季打霜后收割青草，可降低苦味。初次饲喂牲畜用量由少到多，不超过 50%。草木樨作绿肥用，一般在入冬前 15~20 天，或冬小麦种植前翻压草木樨，后茬继续种植冬小麦或种植春玉米。翻压前，利用秸秆粉碎机将地上部分打碎，分解效果较好。翻压草木樨的田块，当年可以继续种植冬小麦，也可翌年种植青贮玉米，并减少施用化肥。全部翻压作绿肥的地块，一般氮肥减少量为常规施肥量的 30%；仅根茬翻压作绿肥的地块，一般氮肥减少量为常规施肥量的 10%。

第二节　饲草作物草田轮作技术

草田轮作技术即引草入田技术，是将饲草作物与农作物在同一地块、不同的年限内，按照顺序轮换种植的一种合理利用土地的耕作制度。人们通常所说的“倒茬”是作物间轮作的一种形式，而草田轮作是饲草作物与农作物间的“倒茬”。草田轮作能够提高土壤肥力和农作物产量；为牲畜提供大量的优质饲草、饲料，促进农牧结合，增产增收；减少化肥投入，减少杂草和病虫害，节省劳力，提高土地产出率和劳动生产率；充分利用土地地力、地上空间和水热条件。

一、轮作饲草作物种类

1. 饲草作物

多年生牧草，包括豆科牧草和禾本科牧草。一般牧草的利用年限5年以上，由于多年生长，地下积累大量残根，因而有机质含量高，这是牧草茬口共有特性。豆科牧草由于有固氮作用，根部含氮量远高于禾本科牧草，且根系入土深，故茬口富含氮素、作用层深是豆科牧草的固有特性；禾本科牧草庞大的须根量和对土壤的切碎作用，使茬口土壤结构得到改良。可以看出，种植牧草后的茬口富含有机质和氮素，且改土效果好，为谷类作物和经济作物的种植创造了良好条件。通常牧草茬口应选择种植氮素需要量较多的作物，如小麦、玉米、棉花等。甜菜、大麦、马铃薯则不应种在茬口上，以免高氮养分影响它们的产品质量。在大田轮作中引入牧草，既肥地又收草，其茬口效应可持续4~8年；在饲草轮作中，牧草利用可达4~8年，翻耕后栽培一年生作物3~5年。在大田轮作中，牧草可仅作为绿肥应用，播种当年即全部翻耕还田；也可利用2年，当年收草，第二年收草后翻耕。

2. 绿肥作物

绿肥作物是指豆科中专门用于栽培压青的一类作物，作为有机肥料，包括二年生草木樨和一年生苕子类、紫云英等。该类作物因具有固氮作用而富含氮素，翻耕时连同茎叶和根一起翻压。由于茎叶较根更易分解，且生物量和含氮量远高于根，故可为土壤提供大量有机质和氮素为作物所利用。因而种植绿肥作物，是实现“以田养田”，提高地力，增加后作产量的一项有效措施。

二、轮作方式

轮作方式可分为大田作物轮作、草料轮作。

1. 大田作物轮作

是指以生产粮食、棉花、油料作物为主要任务的轮作。在大田轮作中，又可分为粮食作物轮作、棉粮轮作和草田轮作。草田轮作是在以生产棉粮油为主要任务的生产活动中，加入多年生牧草轮作，要求农作物的种植比例比较大，种植年限较长。种植牧草的目的仅是为了恢复地力，并为畜牧业生产提供一定数量的优质饲草料，达到养地和养畜的目的。草田轮作中牧草的种植年限一般为 2~4 年，如作为绿肥（不收草，全部翻压）仅种植 1 年。

2. 草料轮作

草料轮作是以生产青贮料、干草、青草和放牧牧草为主要任务，也称饲料轮作。其核心目的是满足畜牧业生产全年对饲草、饲料的均衡需要，这是饲料基地必有的基本轮作。

（1）舍饲畜禽的草田轮作：完全舍饲条件下的草田轮作，是将草料全部收割后运回畜舍饲喂。种植生长快、产量高、品质好的多汁性根茎叶菜类饲料作物和青贮作物，如甜菜、胡萝卜、饲用瓜类、马铃薯、青刈玉米、青贮玉米、青刈燕麦等；牧草以一年生、二年生速生优质品种为主，如黑麦草、苏丹草、毛苕子、普通苕子、草木樨等；精饲料有玉米、燕麦、大麦、豌豆等。如适于肉牛和奶牛的舍饲草田轮作模式：第一年黑麦间套作苜蓿；第二年苜蓿收割，调制干草；第三年苜蓿放牧或青刈；第四年种植饲用瓜类；第五年种植甜菜；第六年种植青贮玉米；第七年种植胡萝卜；第八年大麦间套作绿肥；第九年种植青贮玉米。

（2）精准饲喂的草田轮作：主要适于种畜或幼畜的舍饲轮作、燕麦混（间）作。如普通苕子或毛苕子—冬大麦—黑麦—芜菁，或普通苕子—青刈玉米—普通苕子，或毛苕子—胡萝卜。

三、草田轮作计划

1. 编制原则

草田轮作计划的编制是否合理，对于一个生产单位的资源和土地利用，地力维持和挖掘，生产稳定和高产等，都具有极其重要的作用。

（1）保证完成生产任务：对于一个牧场生产单位，通常根据资源状况，结合市场发展趋势，制定出本单位近期和中长期的发展目标及其生产任务。编制轮作计划时，应依据生产任务，兼顾自然条件、生产条件和各类资源配置情况，合理安排各类作物的种植比例和产量指标，做到任务完成，略有盈余。

（2）保证地力可持续发展：合理安排轮作作物的种植次序，维持地力。原则上每种作物都有较好的前茬，并使前作为后作创造良好的肥力条件和耕作条件。只要有利于地力维持和增产增效，就可以轮作种植牧草、绿肥或其他类作物，可以施肥或运用间作、混作、套作等农业技术措施。

（3）保证饲料基地稳定：对于包含牧业内容的生产单位，在轮作中建立稳定的饲料供应体系是编制轮作计划的重要项目，可以促进畜牧业发展，以农养牧，以牧促农，农牧并举。

2. 方法步骤

编制轮作计划既是技术工作，又是经济工作，要使其具有科学性，必须按一定步骤和方法进行。

（1）查询资料，收集素材，深入研究：正确选择轮作作物，合理利用各种资源，水、电、土地、劳力、自然条件等。

（2）合理安排，科学布局：确定轮作作物的种类、种植比例，科学布局。在考虑轮作作物的品种时，应保证相当比例的大量生产有机质的谷类禾本科作物，应有根茎叶菜类作物或豆类作物，尤以牧草效果更好。在配置作物种植时，凡是要求多工、多肥、运输量大的作物，尽量安排在居民点附近的地段。

（3）编写轮作计划设计书：编写轮作计划书，作为备案资料和执行文件。包括生产单位的基本情况、经营状况、生产任务和措施，轮作中作物的品种、播种面积、预计产量等。

四、草田轮作草料供应体系

在草田轮作中，不管出于何种目的，都要不同程度地安排草料生产，规模与饲养牲畜种类和数量有关。要想做到周年均衡稳定的供应草料，就需要建立一个合理而高效的草料轮供体系。

1. 编制草料供需计划

牧业生产对象是牲畜，草料为牲畜服务，所以草料供需计划应根据牲畜种类、性别、年龄和生产状态变化而制订。

（1）需求计划：家畜日粮组成包括精饲料（高能量高蛋白质饲料）、粗饲料（粗纤维含量大于18%的饲料）和青饲料（含水量大于50%的饲料）三类，由于家畜种类、性别、年龄和生产状态不同，它们对日粮的营养需求和采食能力表现不同，导致日粮中三类饲料的比例和采食量也各有不同。因此，在编制草料需求计划时，首先应依据牲畜的种类、性别、年龄、生产方式（泌乳、育肥、妊娠等），确定畜群类别及其在全年、各季、各月、各旬的周转状态和饲养量；然后根据各类畜群日粮的饲养标准和饲料定额，计算出各类草料在各旬、各月、各季，乃至全年的需求量。

（2）供应计划：根据需求计划，结合饲养方式和自身生产能力以及存贮量，组织制定供应计划。首先要确定现有的饲料来源途径，能够提供的饲料种类、数量和时期，估算出其年度内产草量、载畜量和饲料作物种类及其栽培面积。

（3）达到供需平衡的目的：尽管畜群有年度周转的动态特性，但在草料需要上却没反映出太大的季节性差异，而草料生产却有显著的季节不平衡性。因而在编制供需计划和制定种植计划时要充分考虑这个特殊性，并采用技术手段给予调整和平衡。首先应利用草田轮作技术，充分运用间作、混作、套作及复种技术，做到草料供需在全年和各时期营养和数量上的基本平衡。一般为避免不可预见性事件，要求在草料总需要量基础上增加精饲料 5%、粗饲料 10%、青饲料 15%的安全贮备量；然后利用草料加工贮藏技术，解决草料供需的季节不平衡，如玉米青贮、秸秆氨化、牧草调制青干草等。在生长季草料质优量多时，采用幼畜当年快速育肥出栏的技术大力发展季节畜牧业，这样可以解决畜草间生产性能上的季节不平衡，又可以增加草田轮作的总效益。

2. 制定草料种植方案

依据当地气候条件和栽培条件，结合轮作技术的需求和草料供需平衡，制定种植方案。

（1）因时、因地、因畜选择草料种类：所选牧草饲料作物种类，首先能够适应当地的气候条件和栽培条件，最好在当地有栽培历史，新引进的草料种类应在试验后，依据种植情况再考虑是否选用；其次能够在轮作中与其他作物搭配使用，既能符合轮作技术要求，又能进行间作、混作、套作或复种。再者能够满足家畜的采食特性和营养需求，具有高产优质和易于加工贮藏的特点。苜蓿和玉米是首选种类，苜蓿适应性强，易于栽培，产量大，营养价值高，适口性好，容易调制成干草。苜蓿是家畜抓膘高产不可缺少的主要草种。玉米属于高产精饲料作物，也是优良的青贮料作物，一年四季均可供应青贮料，是青饲料轮供中主要的平衡饲料。

（2）合理布局，科学种植：在安排牧草饲料种植时，首先要确定主栽草料作物种植面积和土地位置，使其充分发挥生产性能，这是建立稳定草料基地的必要措施。然后根据各种伴种草料作物的农艺性状和各时期草料供需情况，确定出各自的种植面积。通过启用零散闲地，调节播种季节和利用期，选用不同成熟品种，以及采用间作、混作、套作和复种技术，使布局更合理，利用更科学。对不足种植面积的草料作物，另行辟地种植，并纳入轮作体系中。在确定各作物种植面积时，必须系统地分析各作物单产的历史资料，否则，计算出的种植面积不正确，同时影响草料的供需平衡，导致牧业生产紊乱。

第三节　林草果草间作技术

一、林草复合种植的作用

林草间作具有提高资源利用效率和改善生态环境的作用。

1. 提高资源利用率

林草复合种植能分层、多级利用光能资源，提高光能利用效率。幼林地中种植多年生豆科牧草紫花苜蓿、红豆草，系统光能利用率提高0.62%~0.67%。幼林橘园间作黑麦草，间作期光能利用率提高0.82%~1.02%，全年光能利用率提高0.36%~0.45%。

2. 改善土壤含水量

杨树间作紫花苜蓿，除0~5厘米厚表层土外，林草间作地土壤含水量均低于单纯林地。经济林内间作饲草，冬季和夏季的土壤湿度均高于对照，起到了保持水分的作用。

3. 调整土壤温度

林草间作可以改善林内环境，由于草本植物的遮阴、风障作用，减少了阳光对地面的直接辐射，使阳光辐射、风速、温度都有所下降。林草间作不改变土温随气温变化的趋势，但对温度值、秋冬土温下降幅度及春季土温的回升温度均有较大的影响。在高温季节，由于林分作用，削弱了林内外能量交换效率，林地只能获得较少的太阳辐射能量，使林内土温比林外低；在寒冷季节，空旷地热量散发较快，林内降低风速，削弱了近地表层的乱流交换，使林内土温高于林外。这些都有利于饲草作物顺利越冬、越夏。林草间作可明显改善林内水、热状况，夏季可以提高林内湿度，降低温度；冬季可以阻挡风寒，延长青草绿色期，减轻草本植物的日灼现象。树冠可以缓冲温度和湿度的急剧变化，减少晚间热量散失，在我国的北方可使草地返青提前3~5天，无霜期延长1周左右；冬季可以为草场增加积雪，尤其是灌丛内及背风处积雪更加明显，使土壤水分显著提高。

4. 提升土壤肥力

在林草复合种植中，乔木和灌木的枯枝落叶和饲草作物的有机落地物均可为土壤提供大量有机质，增加土壤肥力。间作地上层土壤氮素含量较高，有机质含量多，覆盖度大，使地面增温较差，硝化作用相应较低，因此，土壤中有机氮素的分解少，保留氮量相应增加。

5. 提高表土抗冲刷能力

林草复合种植中林木、草本均能有效减少土壤流失。因为林木和草本都能够截留降水，而且草本植物生长迅速，可以尽快覆盖地面，减轻雨滴直接击溅。同时草本植物根系能固结土壤，提供大量的有机质和氮素，改善土壤结构，增强土壤渗透性和蓄水能力。

二、林草复合种植技术

1. 高大乔木及经济果木林草地建植技术

选择适宜盐碱地种植的树种，如白蜡、刺槐、紫穗槐、白榆、梨、杏、枣、苹果等；林地间作草种，宜选择草木樨、苜蓿和沙打旺等。

2. 灌木间作饲草技术

选择耐盐碱、耐干旱和耐瘠薄的棉槐、旱柳和小叶杨等灌木品种，间作耐盐碱、耐旱、耐瘠薄的碱茅、羊茅、和冰草等草种。

3. 重度盐碱地林草间作技术

在重度盐碱地上，宜选用耐盐碱更高的枸杞、荆条等，间作种植碱蓬、碱茅、苇状羊茅等。在间作种植前，对盐碱重的地块施有机肥或改良剂，进行土壤改良，以提高苗木和饲草的成活率和生长量。

三、林草间作的相互影响

在幼林地或疏林地种植饲草作物，特别是豆科饲草作物，能显著促进林木的生长，提高郁闭度，增加乔木的总根量和根系总长度，提高林地的生产力。在饲草地栽种乔木后，优质饲草种类增加；经济林内间作饲草作物，可以抑制杂草生长；杨树林内间作沙打旺和草木樨，提高了饲草株高和产量，质量也有改善。

四、果草间作技术

果草间作可提高土地空间和光能利用率，保持土壤疏松肥沃，改良土壤，培肥地力，抑制杂草，增加收入，以短养长和以园养园。如在果草间作红三叶、白三叶、苕子、黑麦草等饲草，饲草可以养猪、羊、牛，家畜粪便追施果树，解决了养畜饲草和果园用肥问题，形成以园种草、以草养畜、以畜造肥、以肥养园的良性循环。

1. 植物选择

因地制宜选择间作植物种类，适地适树，因树选种，即选择种植株矮小，生命周期短，没有果树病虫害的植物。在果园里尽量不种青贮玉米、饲用甜高粱、串叶松香草等挡风和遮光强的高秆饲草作物，不种缠绕果树的野豌豆、饲用扁豆等藤本攀缘饲草作物，不种吸水吸肥力强的饲用黑麦和饲用燕麦，不种饲用油菜（易发生蚜虫）。

2. 种行留盘

果草间作不能满栽满种，一定要“种行留盘”，即把间作饲草作物种在行间，留下树冠下直径 2~3 米的树盘不种，以免饲草作物与果树争水夺肥，果树遮挡饲草作物的光照条件。

3. 换茬轮作

不同饲草作物品种从土壤中吸收的营养元素种类和数量不同，间作时一定要轮作，如当年种紫云英，翌年种燕麦，后年种二月兰，避免连作造成土壤中某些元素的缺乏或过剩，影响果树和饲草作物的产量和品质。

4. 翻园压绿

在耕作层水渗透后，在行间播种苕子、苜蓿或紫云英。即将开花时，结合翻园施基肥，将间作饲草作物填入基肥坑中或直接翻埋土中，并把园地耕细整平。由于豆科饲草作物含氮磷钾和有机质较丰富，固氮能力强，所以对增加土壤养分和有机质效果非常明显。

5. 树盘覆盖

在雨季结束时中耕树盘，以主干为圆心，培成直径 1.5~2 米、四周高 15~18 厘米、中间平的盆形盘。覆盖 8~10 厘米厚绿肥、杂草、秸秆或腐殖质土，再盖上 3~4 厘米厚细土，可有效改善土壤水肥气热条件，使果树顺利越冬和休眠。同时覆盖物腐烂后，又变成了肥料和有机质，比覆盖地膜的效果好。

第八章 盐碱地饲草“种养耦合”关键技术

第一节 “饲草生产——牛养殖”耦合技术

饲草作物生产与养牛结合，均能以草代料、以粗补精，降低成本，提高养殖效益。

一、“饲草生产——肉牛养殖”耦合技术

1. 饲草品种

饲草作物主导品种，主要根据肉牛的采食特点、生产方式和种植模式选定。专用饲草料地可种植黑麦草、紫花苜蓿、三叶草等多年生饲草作物，在农田与农作物轮作、间作或套种生产时，主要选择一年生饲草作物，如饲用黑麦、冬牧70黑麦、墨西哥玉米、高丹草、苏丹草、饲用甜高粱等。

2. 肉牛品种

根据肉牛生产的目标，确定养殖的肉牛品种。如果要养殖生长速度快、饲料报酬高、易于饲养管理的肉牛，一般选择西门塔尔、利木赞、夏洛莱、皮埃蒙特等外来引进牛种与地方品种肉牛品种的二代或三代杂交品

种。如果要养殖生产高档牛肉的肉牛，一般选择黑安格斯、日本和牛为终端父本的三元杂交牛品种。

3. 饲草作物生产

专用饲草料生产地块，要建立抗旱排涝设施，做到旱能浇、涝能排，保证饲草作物高产。在粮食作物与饲草作物轮作的地块，一般在前茬农作物收获后播种饲草作物，在下茬农作物播种前收完饲草作物。饲草作物可撒播、条播或穴播，按照单播、混播选择不同的用种量。一般饲草作物5~10天出苗，半个月苗基本出齐，如果不齐应及时补苗。幼苗或刈割后，应视杂草侵害情况中耕除杂。播种时要施足底肥，苗期也可施少量化肥，每刈割一次，要追肥一次。干旱时节适当灌溉，低洼易涝地区或雨水多的季节要注意排水。多次性刈割的饲草作物，在植株长到40~50厘米高时刈割。一次性收割的饲草作物，一般在盛花期或抽穗期刈割。适时刈割可获得高产优质的饲草。

4. 肉牛育肥

肉牛育肥饲喂要根据生长育肥阶段和体重大小，选择合适的精粗饲料比和营养水平。育肥前期（育肥开始前30天内），精粗饲料比一般以3∶7为宜，精料粗蛋白质含量为12%；育肥中期（育肥的中间70天），精粗饲料比以6∶4为宜，精料粗蛋白质含量为11%；育肥后期（育肥最后10~20天），精粗饲料比以7∶3为宜，精料粗蛋白质含量为10%。一般在育肥最后10天，精饲料日采食量应达到4~5千克/头，粗饲料让牛自由采食。

5. 饲草利用

饲草可制作青贮饲料，在肉牛育肥中要充分合理利用。给肉牛饲喂青贮料，可以降低精饲料的使用，且在较低精饲料水平下，能获得较高的日增重。在制作青贮饲料时添加2%尿素，能获得很好的肉牛育肥效果。

6. 饲草生产与肉牛养殖模式

饲草生产与肉牛养殖结合是重要的肉牛生态饲养模式，但要获得好的养殖效果，需要种养技术支撑，资金投入支持，来保证肉牛养殖的规模化和专业化。为实现肉牛养殖产业化，可以推进以村为单位组织饲草作物种植生产优质饲草料，开展肉牛养殖的模式；或采用“合作社或协会+农户饲养肉牛”模式，每户饲养肉牛或母牛 4~5 头，通过合作社或协会集中统筹，解决饲养资金不足和种植饲养技术跟不上的问题，也解决肉牛养殖后销售不畅的问题。

二、“饲草生产——奶牛养殖”耦合技术

青绿饲料在奶牛饲养中不可或缺，其中含有奶牛所需的丰富且完全的营养物质。适期刈割的青绿饲料，不仅粗纤维的含量低，而且粗纤维的消化率高。如欧洲菊苣在盛花期的粗纤维含量为 14.5%，消化率高达 61%。青绿饲料柔嫩多汁、适口性好，容易消化，能促进奶牛的食欲，还有助消化的作用，奶牛特别喜食。饲喂青绿饲料可以提高产奶量，奶牛饲喂青绿饲料与单纯饲喂干草相比，产奶量可提高 20%~30%。青绿饲料可以防止奶牛营养缺乏症和代谢性疾病。饲喂青绿饲料可以改善奶牛牛乳的品质，提高乳蛋白含量，使奶牛产奶高峰维持更长时间。一般奶牛比较耐寒，但不耐热，饲喂青绿饲料可以缓解奶牛的热应激。

1. 饲草品种选择

如多年生欧洲菊苣、苜蓿、黑麦草等，优点在于一次种植可利用多年，并减少了每次种植的人力物力投入，但存在种植当年产量不高、青绿饲料供应量少的问题。一年生饲草作物，如墨西哥玉米、高丹草、法国苦菜、饲用甜菜和饲用胡萝卜等，优点在于当年种植就可获得较高的鲜草产量，而且种植方式多样化，容易实现与其他作物的搭配种植，提高土地的复种指数和利用率，不足之处需年年购种种植。种植青饲玉米、青贮玉

米、饲用红薯等粮饲兼用作物，也可以为奶牛提供青绿饲料。

2. 饲草生产模式

有奶牛专用饲料地时，可以种植多年生饲草作物为奶牛提供青绿饲料。采取一年生饲草作物轮作的方式，春季可种植如墨西哥玉米、高丹草、法国苦菜、饲用甜菜和饲用胡萝卜等，青绿饲料可一直供应到秋末；在秋末后再种植越年生的冬牧-70 黑麦、饲用黑麦等，在早春为奶牛提供青绿饲料。

在粮食作物或经济作物种植的地方，为保证奶牛青绿饲料的供应，可以采取饲草作物与粮食作物或经济作物轮作的方式。如春种玉米秋收后，再种植冬牧-70 黑麦、饲用黑麦等牧草。秋播小麦时，于春末夏初种植墨西哥玉米、高丹草、法国苦菜等进行轮作。除轮作外，可以开展饲草作物与粮食作物和经济作物的间作。如在玉米地里间作法国苦菜、饲用甜菜和饲用胡萝卜等，在小麦田里间作高丹草、墨西哥玉米等。

在树木林地间可以间作或套种多年生牧草，如欧洲菊苣、黑麦草、白三叶等，在树冠较小、不遮阴的树间，可以种植苜蓿、墨西哥玉米、法国苦菜等饲草作物。

3. 饲草生产与利用

要根据奶牛养殖数量规模、结构以及利用方式等，安排饲草作物生产。每头成年奶牛每天的青绿饲料需要量为 50~60 千克，全年共需 2 万千克，相当于种植 1.5 亩墨西哥玉米或法国苦菜的全年饲草产量，第二年欧洲菊苣一亩地全年的产量，可以参照这一标准来制订奶牛青绿饲料的种植和供应计划。在制订计划时，还要考虑到可利用的青贮饲料量、粗饲料量等，保证充足供应又不过多浪费，以提高种植的产出和效益。

第二节 “饲草生产——羊养殖”耦合技术

种植饲草作物养羊是加快种植业结构调整与畜牧业结构调整的重要方式，也是实现种养有机结合的重要模式。

养羊饲草的种类较多，大致可以分为：

（1）青饲料：主要是鲜草，如苜蓿、白三叶、黑麦草、墨西哥玉米等直接收获的植株茎叶。青饲料富含可消化的蛋白质、多种维生素，配入日粮可弥补其他粗饲料和精饲料中维生素的不足。青饲料的消化率和粗纤维含量高低与收获时期有关，及时收获利用时消化率可达到75%~80%，是碳水化合物的重要来源。成年羊每只每天需青饲料7千克以上。青饲料喂羊，要避免出现一些不良问题，青饲料茎叶表面水分较重，应晾晒一定时间，待看不见水时饲喂，避免引起拉稀；青饲料收获后要及时饲喂，堆放时间不宜过长，避免引起腐烂，丧失营养价值，羊采食后易引起臌胀和腹痛症；用苜蓿、白三叶等饲喂羊时应适量加入禾本科牧草或秸秆，避免引起膨胀病；青饲料要铡短至3~5厘米，与其他饲料拌匀饲喂羊，以便减少浪费。

（2）青干草：青干草是鲜草供应不足时羊的主要食物，与鲜草相比较，其粗纤维多、可消化营养物质较少、经济价值略低、适口性略差。羊的消化器官适宜消化粗纤维，供应量不足，会破坏其正常的消化机能，过多则加重消化器官负担。成年羊每只每天饲喂青干草1~3千克。干草喂饲方法主要有两种，一种是干草直接喂饲，另一种是铡短喂饲。干草贮藏一段时间后，按照羊日需量喂饲。一般把干草捆打开后直接投到羊舍或料槽中，任羊自由采食。这种饲喂方法简单，但损失量为5%~10%。在生产上一般多采取铡短喂饲。禾本科草饲喂羊一般铡短至2~3厘米、豆科牧草1~2厘米。豆科干草喂饲羊的比例一般不超过日粮的30%，禾本科牧草则任羊自由采食。

（3）多汁饲料：如菊苣、苦荬菜等水分含量高，干物质含量少、粗纤维含量低、适口性好、消化率高，对母羊产奶有特殊作用，应适量饲喂。成年母羊每只每天可喂块根2~4千克、块茎1~2千克，羔羊适当少喂。青贮料刚开始饲喂时量要少，经过7~10天后，逐渐增加到足量。产奶羊每只每天喂青贮料3千克，公羊和周岁小羊喂1.5千克。

（4）青贮饲料：将饲草作物收获青贮，可以实现均衡供应。用青贮饲料饲喂妊娠羊时应注意，在产前产后20~30天要停止饲喂，冬春季节不能饲喂冰冻的青贮饲料，以免引起流产。

（5）养羊饲草作物品种：如黑麦草、饲用甜高粱、高丹草、墨西哥玉米草等优质一年生品种，苜蓿、黑麦草、白三叶、鸭茅、苇状羊茅等优质多年生品种。

一、“饲草生产——放牧养羊”耦合技术

种植饲草作物，建立放牧草地，不但可以合理运用草地，提升草地生产力水平，还能节约养羊的饲养成本。放牧羊群，能够满足羊对于食物与营养的需要。羊粪也能够为草地提供肥料。

1. 放牧草地建植

饲草作物种植模式是确保饲草产量提高和管理工作高效性的关键。播草种前对土地平整、施基肥，可选择育苗移栽、点播、条播及撒播，过磷酸钙作底肥拌种，50千克/亩，农家肥1~2吨/亩。饲草作物生长过程中追施速效性化肥。采用中耕施肥模式，以确保饲草作物产量。

2. 草地合理利用

（1）适度放牧：观察草地实际面积产量，确定放牧羊群的数量，不过牧，也不轻牧。

（2）适时放牧：结合饲草作物实际生长状况，将放牧时间优化，对

草地形成一定保护，也确保羊群快速生长。

（3）分区轮牧：根据羊群大小、强弱、生理阶段及公母等不同，将放牧草地划分为若干小区。按照“春洼、夏岗、秋平、冬暖”的原则选择放牧区，实行轮牧制，每个分区最好放牧20~30天。

3. 放牧羊群的管理

（1）放牧和补饲结合：在冬春季节，饲草作物一般都会枯萎，单纯依靠放牧往往无法保证羊的营养，需要补充精料和粗饲料，保证羊的体膘和生长。

（2）根据季节变化优化放牧：在秋季尽可能经常放牧，确保羊群对牧草的摄入；冬季要尽可能减少放牧次数，满足羊的适当运动量即可，喂养高质量精细饲料；春季气温较低且变化较快，必要要让羊群多摄入饲草料并减少运动；夏季较为炎热，尽可能在早晚放牧。

（3）分群放牧：尽可能做到公母羊分开，强壮、瘦弱羊群分开，妊娠羊单独放牧。

（4）放牧环境的控制：下雨天避免放牧，有露水时延迟放牧。要仔细检查草地上有无坑洞，避免羊群掉落坠亡。要经常清理草地上的杂物，避免羊群误食。防止野兽侵袭羊群。

（5）疫病综合防控：羊群每年2次（春季和秋季）药浴，防治寄生虫病，选用0.025%~0.03%林丹乳油水乳液。药浴前确保羊群摄入足够的水，避免羊饮用药液而导致中毒。选用丙硫咪唑（丙硫苯咪唑）内服和注射阿维菌素（注射量每次为0.05毫升/只），预防寄生虫病，4次/年。使用驱虫药时剂量准确，须先做小群试验，然后全群驱虫。定期用10%~20%石灰乳和20%漂白粉消毒溶液，进行羊舍消毒。

二、“饲草生产——舍饲养羊”耦合技术

在人口密度较大的农区放牧草地受限，多采用种植饲草作物收获，调

制加工后喂羊，结合饲喂树枝树叶、农作物秸秆和农副产物，补喂精料的舍饲养羊方式。舍饲养羊便于规模化管理，能提高饲草利用率，提高产肉率，实现肉羊一年四季均衡生长。羊舍应建在住房和生活用水的下风向、贮粪场的上风向。种羊舍还应远离交通公路和人口密集的地方，以防疾病传播。

1. 青饲料养羊

（1）适度规模：根据人力、财力、土地资源、设施设备条件，确定养羊规模和饲草作物种植面积。一般 1 亩饲草可供 5~6 只成年羊全年饲用。羊的繁殖速度较慢，年增长率只有年初母羊数的 3 倍左右，所以饲草作物种植面积要视种羊基数和发展速度而定。

（2）适当茬口：确定饲草作物茬口布局的原则是提高单位面积饲草产量，保证羊一年四季都能吃到青绿饲料。

（3）适时收割：用于鲜饲的豆科饲草作物收割可早些，在初花期至盛花刈割为宜，每年收割 4~5 次，禾本科饲草在抽穗期刈割。

（4）适量饲喂：成年羊每天需青饲料 7 千克左右，饲喂过多易拉稀。在保证青饲料充足情况下，适当增加糠麸比例，糠麸占精料总量可达 40%，同时适当饲喂一些干草。

2. 青干草养羊

（1）饲草品种：一般选择苜蓿或者多年生禾本科饲草，收获晒制优质干草喂羊。

（2）羔羊饲喂干草：初生羔羊要及时吃上初乳，随后定时定量喂奶，每日喂奶 3~4 次，间隔时间大致相同。除喂奶时间外，其余时间应将母羊和羔羊分圈饲养，以免母羊踩踏羔羊造成死亡。出生 1 周后的羔羊即可以优质青草或干草诱食，20 日龄后补喂少量配合精料。初期每日每只喂量 5 克，逐日增加至 100~150 克。2~3 月龄断奶，断奶期间应以优质饲草为主，补饲精料。

（3）断奶羊的饲喂：利用断奶羊生长发育快，饲料报酬高的特点，补饲适量的青干草和精料。一般每日每只成年羊添喂鲜青草 5~8 千克、干草 0.5 千克，补喂精料 100~200 克。

（4）搭建干草架：根据羊喜食人工调制优质青干草的特点搭建干草架，在冬春缺草季节补喂。羊在草架上采食时互不干扰，草料散落浪费少。

第三节 “饲草生产——猪养殖”耦合技术

一、饲草养猪利用方式

猪只能利用部分优质饲草。夏秋季节，以鲜草直接喂猪；冬春季节，以优质草粉或打浆青贮的饲草作为混合饲料喂猪。

1. 饲草鲜饲方式

在春夏季节，种植籽粒苋、聚合草、菊苣等多汁饲草，鲜草添加量占日粮的 15%~30%，每 10 头猪配套 1 亩饲草。

2. 草粉饲喂方式

种植苜蓿、墨西哥玉米、高丹草等，夏秋季节可以利用鲜草，冬春季节以草粉形式添加到日粮中，草粉量占日粮的 8%~15%，每 10 头猪配套种植苜蓿 0.5 亩。

3. 青贮饲料与精饲料搭配饲喂方式

无论什么季节种植的饲草，只要当季直接利用还有剩余，就可以打浆或切断制作青贮饲料，在缺少青绿饲料的季节与精饲料搭配饲喂，添加量可以根据猪的品种、生长阶段和生理状况来确定。

二、适宜养猪饲草品种

利用优质饲草养猪，不但可以降低饲料成本，而且可以提高猪的瘦肉率，大大提高养猪的经济效益。适宜养猪的主要优质饲草品种有：欧洲菊苣（多年生菊科）、串叶松香草（多年生草本植物）、苦荬菜（一年生草本）、美国籽粒苋（一年生草本植物）、鲁梅克斯 k-1（蓼科多年生草本植物）、紫花苜蓿（多年生豆科饲草）、墨西哥玉米（一年生禾本科）、高丹草（一年生禾本科）、红豆草（多年生豆科饲草）等。这些饲草粗蛋白质含量在12%以上，最高者可达30%，氨基酸种类齐全、利用率高，可弥补谷物饲料蛋白质、氨基酸种类不全的缺点。饲草还含有丰富的维生素和无机盐，粗纤维含量较低，易消化、适口性好，且单位面积土地产量高，生产成本低，来源广泛。

三、养猪饲草的供给

由于猪的品种、性别、年龄和生长阶段不同，对饲草的消化利用率也存在较大差异。因此，种草养猪时，应根据猪的生产目标，做到科学供给饲草，以减少不必要的浪费。

1. 育肥猪的饲草供给

（1）小猪阶段（7~20 千克）：小猪饲养以吃饱为原则，饲料中蛋白质含量要达 18%以上，钙含量达到 0.8%~0.99%；在保证供给质量高、营养全面的小猪配合饲料基础上，适当喂给少量饲草鲜嫩茎叶，日饲喂量以 1~2 千克为宜，最多不要超过 3 千克，一般在喂精料前半小时喂鲜草。

（2）中猪阶段（20~60 千克）：中猪饲养是增加瘦肉率的关键时期，可通过饲喂优质饲草，少喂蛋白质含量高的精料，降低喂养成本。一般日喂 4~6 千克鲜草或占精料 15%的优质草粉。精料配制：70%玉米、20%麸皮、10%浓缩饲料或豆饼，日喂量 1~1.25 千克。一般在喂精料前半小时喂鲜草，每天喂两次。

（3）大猪阶段（60 千克以上）：大猪对粗纤维的消化利用能力强，抗逆性、适应性大大提高，增重速度快，精料中玉米占 80%、麸皮占 20%，不必添加任何浓缩料。喂6~8千克饲草鲜草或占精料20%的草粉，精料为1.5~2千克，喂精料前半小时喂鲜草，每天喂两次。在猪出栏前半个月，每天喂2~3千克鲜草，2.8千克混合料（90%玉米和10%麸皮）。

2. 母猪的饲草供给

（1）空怀阶段：空怀母猪，每天喂0.5~1千克精料、8~10千克鲜草，或20%~30%玉米+10%麸皮与60%~70%干草粉混合饲喂。母猪过瘦时，应补充较多的精料。

（2）母猪妊娠前80天：妊娠母猪前80天对各种营养成分利用率高，加之此时胚胎生长发育缓慢，是节省精料的最佳时期。每天可以饲喂精料0.5~1千克，优质鲜草8~10千克。

（3）妊娠80天后的母猪：妊娠后期的母猪，即至产仔还有35天时，适当增加能量和蛋白质，每日在饲料中加20克骨粉或50克鱼粉。将精料饲喂量由0.5~1千克/天提高到1~1.5千克/天，优质饲草调整至5~6千克/天。

（4）母猪哺乳阶段：哺乳母猪应增加精料并适当补钙，精料喂量为2.5~3千克/天，搭配饲喂8~10千克鲜草。哺乳母猪精料：60%玉米+30%麸皮+10%母猪浓缩饲料，或50%玉米+30%麸皮+18%豆饼+2%骨粉。根据母猪的采食量来确定饲草喂量，一般为3~4千克/天。

四、养猪饲草生产模式

1. 多汁叶菜类饲草生产模式

在秋末冬初或翌年春季，种植欧洲菊苣、串叶松香草和鲁梅克斯k-1等多年生多汁叶菜类饲草，或者苦荬菜、美国籽粒苋和牛皮菜等一年生多汁叶菜类饲草。然后在夏秋季节收获鲜草喂猪，这类饲草可以占到猪日粮的10%~30%。每头育肥猪可以消耗饲草（干物质）约80千克，即每100头猪需要种植6~12亩多汁叶菜类饲草。

2. 优良豆科饲草生产模式

种植紫花苜蓿、红三叶、杂三叶、红豆草和白三叶等豆科饲草。除在夏秋季节直接收获利用鲜草外，可以将豆科饲草晒干并加工成草粉，在冬春季节加以利用，草粉添加量以占猪日粮的5%~15%为宜。每头育肥猪需要消耗饲草（干物质）40千克，即每100头猪需要种植3~5亩豆科饲草。

第四节　“饲草生产——兔养殖”耦合技术

一、饲草养兔方式

兔是草食动物，饲草对兔子的作用是其他饲料无法取代的。饲草能促进兔子生长发育，提高繁殖率和改善毛皮质量等。喂养兔的饲草，可鲜食，也可以加工成草粉拌料饲喂。加工的草粉可与其他饲料按一定比例混合，根据兔的营养需要配制日粮，其中草粉可占20%。用草粉调制的饲料松软、口感好，能促进兔的食欲，比单独补饲精料的饲喂效果好；日粮结构稳定、营养全面，还大大降低了饲料成本。

二、适合养兔饲草品种

首先，应是家兔喜食的饲草品种；其次，适应当地自然条件和生产种植条件；三是具有较高的产量和优良的品质。家兔喜食墨西哥玉米、高丹草、冬牧70黑麦、一年生黑麦草、苦荬菜、菊苣和紫花苜蓿等。这些饲草主要喂兔有以下优点：

1. 营养价值高

这些饲草适时收获，粗蛋白含量在20%以上、粗纤维12%以上、无氮浸出物30%以上，还含有多种维生素和矿物质，营养丰富。兔采食后被毛光亮，生长速度明显提高。

2. 利用时间长

无论饲草一年生、多年生，都有较长的供青期，春季返青早，冬季休眠晚。一年生饲草能多次刈割，多年生饲草一次种植可连续利用多年。

3. 鲜草适口性好

饲草鲜嫩柔软、清凉可口，兔特别喜爱吃，若与其他草同时喂兔，兔首选这些饲草。

4. 抗病虫害能力强

一般饲草不会发生严重的病虫害，可以避免打药，兔肉产品也无农药残留。

三、养兔饲草的供给

根据饲草种类，确定适宜的收获利用期。豆科饲草在现蕾期、禾本科饲草在拔节期、叶菜类饲草在抽茎期，开始收割喂兔。留茬高度为4~5厘米，每次刈割后及时追施肥水，以免影响饲草再生和下一茬的产量；各种饲草除收割鲜草直接喂兔外，还可收割晒干，作为青干草贮藏起来，以调剂余缺，也可加工成草粉后，按一定比例与麸皮、豆粕、玉米、米糠等搭配制成全价颗粒饲料喂兔。这样既能保证家兔的营养均衡，又能降低养兔成本。

根据家兔对青、精、粗料的需求特点，要发挥好种草养兔的优势，就要提高家兔的饲草转化利用率。关键是日粮搭配力求多样，保证营养成分全面，满足家兔生长发育的需要。

1. 青、精和粗饲料合理搭配

在家兔日粮中，青饲料和粗饲料均应占一定比例，特别是为满足家兔对粗纤维的需要，应供给鲜饲草或干饲草。除按家兔的饲养标准和饲料营养成分配制日粮外，还应做到以下几点。

（1）适口性好：搭配调制的日粮适口性好，家兔喜食，才可以提高饲养效果和饲料的转化利用率。配制日粮的适口性差，家兔不爱吃，即使营养价值很高，饲养效果和饲料的转化利用率也会降低。

（2）种类多样：多种饲料搭配，营养物质能产生互补作用，也可以提高饲料饲草的转化利用率。

（3）以青、精饲料为主：虽然种草养兔精饲料不可或缺，但应以青饲料为主、精饲料为辅，这样才能提高饲草的转化利用率。每只成兔每日饲草喂量为 0.5~1 千克，仔兔、幼兔适当减量；每只成兔每日精料饲喂量为 150 克。

2. 营养物质合理供给

家兔日粮中，蛋白质含量不宜过高，粗纤维含量不宜太低。适当提高家兔日粮中粗蛋白质含量，能促进家兔生长，但过高会造成粗蛋白的浪费，也影响家兔对饲草中粗蛋白的利用。日粮中粗纤维含量太低，会造成家兔异食癖，也会影响消化器官的发育，降低有机物质消化率，因此，应使日粮中粗纤维含量保持在适当水平。

3. 能量不宜太高，忌全精料饲喂

用能量很高的日粮或全精料喂兔，不仅生产成本高，而且会使家兔盲肠微生物生长过速，加快分解食物而大量产气，引起肠膨气。用能量太高的日粮饲喂母兔，会使母兔发情率和受胎率降低，饲喂幼兔会导致腹泻、便秘或肠膨气。只有用适宜能量水平的日粮饲喂家兔，饲草的转化利用率才会较高。

4. 适量添加矿物质和维生素

在种草养兔中，矿物质和维生素添加量要适当，太多和太少均易造成家兔消化功能紊乱，表现腹泻、便秘、关节变形、脱毛等症状，也会降低饲草的转化利用率。

三、养兔饲草生产模式

种草养兔生产模式分为 3 种：单种饲草养兔的生产模式、饲草与粮食作物复合种植生产饲草养兔的模式、饲草与林果复合种植生产饲草养兔的模式。在实际生产中，可以因地制宜地选择其中之一或 3 种方式同时应用，均会取得很好效果。

1. 单种饲草养兔的生产模式

在土地资源丰富或闲置土地资源较多的地方，可以长期利用土地种植饲草，建立饲草地来养兔。一般选择种植叶片比例大、质量优和产量高的饲草品种。

（1）种植禾本科饲草养兔模式：种植墨西哥玉米、高丹草、苏丹草和甜高粱等高秆禾本科饲草，一般长至 80~120 厘米高时，就要刈割喂兔；当收获晒制干草时，刈割高度为 120~150 厘米。饲养一只兔需要禾本科饲草（干物质）18 千克；饲养 100 只兔，一般需要种植 2~3 亩墨西哥玉米，2~3 亩高丹草，3~4 亩甜高粱和苏丹草。

（2）种植豆科饲草养兔模式：种植苜蓿、红豆草等豆科饲草，在现蕾期开始刈割鲜草饲喂；或者在初花期至盛花期收获，晒制干草喂兔，每只兔需要豆科饲草（干物质）20 千克；也可将干草加工成草粉，制成配合饲料，一般草粉添加量占日粮的 30%~50%。饲养 100 只兔，需要种植 4~5 亩苜蓿或红豆草等。

（3）种植叶菜类饲草养兔模式：种植菊苣、串叶松香草、苦荬菜和籽粒苋等，宜作为青绿饲料利用，日饲喂量可达日粮的 50%~60%，每只兔需要叶菜类饲草（干物质）30 千克。饲养 100 只兔，需要种植 1~1.5 亩叶菜类饲草。

（4）豆科饲草+禾本科饲草混播种植养兔模式：饲草的合理搭配，可以提高兔子的饲草利用率。种植的豆科饲草有苜蓿、白三叶、红三叶和红豆草等；禾本科饲草主要是多年生黑麦草、羊茅和鸡脚草等，豆科饲草与禾本科饲草混合种植比例为1：（2~3）。混种时收获的饲草喂兔，可占日粮的70%~80%。饲养100只兔，需要豆科饲草与禾本科饲草混合种植6~8亩。

（5）叶菜类饲草+高秆禾本科饲草混合种植养兔模式：种植的叶菜类饲草有菊苣、串叶松香草、苦荬菜和籽粒苋等，禾本科饲草有墨西哥玉米、高丹草、苏丹草和甜高粱等。这两类饲草可以同一地块上间作种植，也可以单独种植收获后混合养兔，叶菜类和禾本科饲草搭配比例为2：3，这种混合饲草占兔日粮的70%~75%。饲养100只兔，需要间作种植叶菜类饲草和高秆禾本科饲草2~3亩，或者1亩叶菜类饲草与1.5亩高秆禾本科饲草。

2. 饲草与粮食作物复合种植饲草养兔模式

该模式在山东省为小麦—饲草轮作、小麦预留行中套种饲草、玉米—饲草轮作。

（1）小麦—饲草轮作：种植墨西哥玉米、籽粒苋和苏丹草等。小麦在5月底至6月初收获后，播种墨西哥玉米、籽粒苋和苏丹草等。饲草收获后喂兔，9月下旬至10月上旬全部刈割完毕后播种小麦，完成一个轮作周期。

（2）小麦预留行中套种饲草：在小麦收获前，5月中下旬在小麦田的预留行种植饲草，如点播墨西哥玉米、高丹草和苏丹草等。在小麦收获后就可以直接刈割饲草利用，作为青饲料来饲喂家兔。

（3）玉米—饲草轮作：在9月底至10月上旬玉米收获后，种植冬牧70黑麦、多花黑麦草；在翌年5月底至6月初，饲草收获利用完后，再种植玉米。

3. 饲草与林果复合种植饲草养兔的模式

该模式主要是桑园、果园和生态林树下种草养兔。

当树苗较小、株间距大、树冠覆盖度较低时，在树行间种植苜蓿、红豆草、白三叶、红三叶、黑麦草、鸡脚草和菊苣等，收获喂兔。树木修剪下的树枝、梗、茎、叶等均含有较丰富营养，也可收集起来喂兔，变废为宝、一举多得。在桑园、果园和生态林内种草养兔，不仅草料来源方便，而且成本低、见效快。一般肉兔月平均增重500克以上。将兔粪收集堆贮发酵，施入树旁可代替部分化肥，增加土壤有机质，防止土壤结板，促进树木生长。

第五节　“饲草生产——鹅养殖”耦合技术

一、饲草养鹅利用方式

鹅能很好地消化利用饲草且对饲草的挑剔性不高，因此，种草养鹅可种植的饲草品种较广。目前有两种养殖方式，一是在土地资源富余的地区，采取种草放牧养鹅；二是在土地资源相对紧张的地区，饲草种植收获后舍饲养鹅。

二、适合养鹅饲草品种

1. 放牧养鹅

放牧养鹅种植的饲草品种应符合如下要求：一是鹅可以采食到饲草；二是饲草要有良好的适口性；三是饲草具有良好的耐践踏性和耐牧性；四是饲草具有较高的产量和营养物质含量；五是要区分常年放牧和季节放牧。当种草养鹅常年放牧时，建植多年生饲草品种，豆科饲草主要有苜蓿、红豆草、白三叶、红三叶和杂三叶等；禾本科饲草主要是多年生黑麦草、高羊茅、早熟禾和狗牙根等。当种草养鹅实行季节性放牧时，可种植一年生饲草品种，主要有一年生黑麦草、冬牧70黑麦和饲用小黑麦等。

2. 舍饲养鹅

种草舍饲养鹅的饲草品种应符合如下要求：一是青绿期长，适口性良好；二是鲜草产量高，营养丰富全面；三是每年可多次刈割，耐刈性良好；四是青饲和青贮均可。种草养鹅，多年生青绿多汁饲料品种如欧洲菊苣、鲁梅克斯、串叶松香草和俄罗斯饲料菜等；一年生青绿多汁饲料有籽粒苋、苦买菜和牛皮菜等；一年生高产饲草品种有墨西哥玉米、甜高粱、高丹草和苏丹草等。

三、种草养鹅的饲草供给

1. 放牧养鹅

人工草地饲草产量和质量，直接影响到鹅的营养需要和生长发育；在建植草地时，采取土地翻耕平整、优良饲草品种搭配、杂草防除、施肥等措施。豆科饲草与禾本科饲草按照 1∶1 或 6∶4 或 7∶3 搭配混播种植。豆科饲草有苜蓿、红三叶、白三叶等，禾本科饲草有多年生黑麦草、高羊茅等。每亩播种量，豆科饲草 0.5~1 千克，禾本科饲草 0.3~0.5 千克。

（1）控好养鹅密度：当草地单位面积的载鹅量过高时，草地过度利用，易使草地退化；当草地单位面积的载鹅量过低，饲草不能充分利用，而产生浪费。因此，要根据饲草生长和生产规律，饲草生长的季节、产草量等，确定单位面积放牧鹅的数量。一般放牧鹅密度以 10~20 只/亩为宜，每个人放牧鹅 300~500 只。随着鹅的生长，放牧密度要逐步降低。

（2）适宜补饲：因饲草品种搭配不同，营养物质含量存在很大差异，特别是夏季高温不利于豆科饲草生长，豆科饲草比例下降、产量低，禾本科饲草占优势，混种收获的饲草不能满足放牧鹅的营养需要，就需要补饲精料。尤其在枯草期应多补充精料，根据鹅采食饲草量、营养成分含量及时调整。精料应定时定量饲喂。小鹅每 4 小时喂料一次，日喂料 6 次；中等鹅约6小时喂料一次，日喂4次；大鹅8小时喂1次，日喂3次。鹅喂料前后半小时给予充足饮用水。

（3）合理放牧：为使草地饲草得到有效合理的利用，采取划区轮牧。要根据饲草生长情况，确定划区的面积和轮牧周期，当光热充足、雨水丰沛，饲草生长速度较快和草地覆盖良好时，可以2~3周轮牧一次；当饲草生长较慢和草地覆盖较差时，应适当延长轮牧周期，可以每4~5周轮牧一次。

（4）管理草地：施肥是人工草地增产的重要措施，禾本科饲草为主的草地一般多施氮肥，豆科饲草为主的草地应多施磷肥和钾肥。根据气候条件、降雨量、饲草生长阶段、饲草种类和品种等，选准灌溉时机，饲草特别是多年生饲草需水量比粮食类作物要多1~2倍，禾本科饲草在分蘖到开花期、豆科饲草从现蕾期到盛花期，对土壤含水量敏感，需水量较多。草地应及时防除杂草，保持饲草高产优质。草地以生物防治病虫害为主，避免药物防治造成鹅肉中药物残留。

（5）适时出栏：放牧养鹅宜施行全进全出，即在同一时间饲养同一批鹅，育成后全部一次性销售处理。鹅出栏后，要对鹅舍和放牧场地进行彻底消毒灭菌，以杜绝传染病。

2. 舍饲养鹅

在不具备放牧养鹅条件的区域，农户可利用农田、屋前房后的空地、田间地头的空地、沟渠路沿等，开展饲草养鹅。鹅舍饲时，按每只4千克的鹅供给鲜草40千克和精饲料配合料4~5千克。通常每亩鲜草产量，墨西哥玉米15 000千克、紫花苜蓿5 000千克、苦荬菜7 500千克、串叶松香草15 000千克、菊苣10 000千克。

（1）饲草干净：饲草在收获、运输和贮存过程中都有可能受到污染，青饲时要清除掉杂质和异物；如饲草发霉、腐败变质或受到农药污染，严禁饲喂鹅。用饲草制作青贮料或青绿饲料时pH较低、酸度较高，鹅易拉稀，应停喂或减量饲喂；或在饲料中添加2%石灰石粉，以中和酸度。当发现鹅出现肠炎时，除停喂外，应在日粮中加入0.2%～0.4%土霉素治疗，待鹅恢复常态后再搭配青绿饲料饲喂。

（2）饲草加工调制：种植的饲草或青绿饲草作物一般都可以直接收割后来喂鹅，但由于饲草有的部分比较细嫩，有的部分比较粗老，鹅容易挑食，造成浪费。经打浆或粉碎处理后，单独饲喂或拌入饲料中饲喂，更有利于鹅采食，利用率也相应提高。在饲草产量高峰期，饲草也可以制作成青贮饲料，在冬春季节利用。每只鹅青贮饲料采食量约为0.75千克，以种植墨西哥玉米为例，每亩可产鲜草15 000千克，经青贮后可供200只鹅吃90天。

（3）饲草喂量：鲜嫩饲草或青绿饲草作物适口性好，鹅爱吃，但含水量高，易引起拉稀或肠炎。为解决这个问题，鲜嫩饲草或青绿饲草作物最好与粗饲料、精饲料搭配饲喂，雏鹅日粮中饲草占比为20%～30%，成鹅为40%～60%；禾本科饲草搭配比例，可以提高到成鹅日粮的70%～80%。草粉占鹅日粮的35%～40%，青贮料占鹅日粮的65%～75%。

第六节 “饲草生产——鱼养殖”耦合技术

一、饲草养鱼利用方式

盐碱地种草养鱼可以带来良好的社会生态效益和经济效益。通过饲草投喂鱼，改变了单纯喂料鱼肉风味不突出、肉质粗而不结实的状况，提高了鱼类品质和口感。

1. 在鱼池周边的池埂或鱼塘间隙地种草

种草既可以充分利用土地、光热水等自然资源，也能很好地保护鱼池坡地。

2. 在专用饲草料基地种草

由于饲草粗纤维含量较高，需要加工后再喂鱼。草食性鱼类及杂食性鱼类需要粗纤维来增强消化道蠕动，从而降低饵料系数，提高饲料的转化率。

二、饲草品种

盐碱地养鱼的饲草品种，应具有生长期长，耐多次刈割，适口性好，鱼喜食，有较高的转化率和节本增效作用。养鱼饲草品种主要以苏丹草为主，或菊苣、苦荬菜、墨西哥玉米、黑麦草等。

三、养鱼饲草的供给

草食性鱼可以草为食，获得粗纤维，以维持消化系统正常功能。根据鱼的种类、体型、生长阶段和生长季节，确定饲草供给量：3 月，鱼饲草采食量为 80~100 千克；4 月，鱼饲草采食量 120~150 千克；5 月，鱼饲草采食量为 400~500 千克；6 月，鱼饲草采食量为 480~600 千克；7 月，鱼饲草采食量为 880~1 000 千克；8 月，鱼饲草采食量为 960~1 200 千克；9 月，鱼饲草采食量为 720~900 千克；10 月，鱼饲草采食量为 240~300 千克。

在草食性鱼场中，许多已开始种植鱼用饲草，但饲草种植面积与鱼的饲养量不相匹配，导致鱼产量较低；水库养鱼，也是饲草缺乏，每年每亩水面产鲜鱼只有 6~8 千克，甚至更低。大部分养鱼场提高鱼产量，主要靠增加精料的投喂量来实现，增加了养鱼成本。

种草养鱼要平衡好生产的季节性和需求的全年性之间的关系。种植一年生苏丹草，供草养鱼主要集中在每年 6~9 月，而其他时间就出现缺草的问题，要提前做好饲草贮备。

四、种草养鱼饲草生产模式

选择多年生草与一年生（或越年生）草搭配种植，以兼顾产量和季节性供应；豆科草与禾本科草搭配种植，有利于提高饲草的营养价值；采用高秆饲草与匍匐型饲草间作，不仅产草量比种单一饲草提高20%~30%，而且可解决季节性缺草的问题。春末夏初收草养鱼，在上一年 9 月下旬至 10 月中旬播种冬牧 70 黑麦或一年生黑麦草，4 月上旬开始割草喂鱼。一般草长到高 40~50 厘米时刈割，可割 3~4 茬，每茬间隔 25 天。夏秋收草养鱼，主要种植苏丹草和墨西哥玉米。苏丹草可分期播种，3 月上旬播种，6 月中旬开始收草养鱼；5 月底播种，7 月中下旬收草养鱼，当草长到高 50~60 厘米时刈割，刈割间隔为 20~25 天。多年生紫花苜蓿在春季、秋季均可播种，从 4 月初开始收草养鱼，在入夏前可刈割 3 次，与黑麦草搭配投放饲喂。在入秋后，还可以刈割供草，弥补夏季供草不足的问题。每次种草和刈割后，都要及时中耕追肥，促其再生、快长；夏秋高温干旱时注意合理灌水，春季雨水过多时要防涝；采取合理的栽培技术和模式，实现前茬与后茬的有效衔接。

1. 草与鱼合理配置模式

根据养鱼量、种类和生长阶段确定饲草种植面积，保持饲草产量与鱼类摄食量相平衡。做好不同季节饲草生产的间作与轮作，实现饲草的四季均衡供应。一般 2 亩鱼塘配套种草 1 亩即可。

2. 鱼苗鱼种合理搭配模式

种草养鱼应以草食性鱼类为主，如草鱼、团头鲂、鳊鱼等，搭配混养鲤鱼、鲫鱼等杂食性鱼。合适的鱼种和合理搭配能提高饲草利用率和养鱼效益。草鱼摄食能力强、生长快、死亡率低，大量放养对增产最为有利。虽然团头鲂鱼生长慢，但经济价值较高，并能吞食草鱼吃剩的碎草屑。考虑到水体质量和养鱼精饲料的充分利用，应合理搭配杂食性鱼类。如鲤鱼、鲫鱼等可采食残饵剩屑，减轻池底有机物的腐烂分解，放养比例可增加。每亩水面放养 0.15～0.25 千克草鱼 200～250 尾；50 克团头鲂 180～230 尾，如规格较小可适当增加到每亩水面 250～300 尾；40～50 克鲤鱼 80～100 尾；25～30 克鲫鱼 250～300 尾。总体上，一般草食性鱼类占鱼总放养量的 60%，大规格鱼种要达到 80%以上。